# 河北大海陀

## 国家级自然保护区
## 常见野生动植物图谱

邢韶华　武占军　王楠　等 编著

中国林业出版社

图书在版编目（CIP）数据

　　河北大海陀国家级自然保护区常见野生动植物图谱 /
邢韶华等编著 . -- 北京：中国林业出版社，2019.9
　　ISBN 978-7-5219-0252-5

　　Ⅰ.①河… Ⅱ.①邢… Ⅲ.①自然保护区－野生动物
－赤城县－图谱②自然保护区－野生植物－赤城县－图谱
Ⅳ.① Q958.522.24-64 ② Q948.522.24-64

　　中国版本图书馆 CIP 数据核字（2019）第 191042 号

责任编辑　　刘香瑞

出版发行　　中国林业出版社
　　　　　　（100009 北京西城区刘海胡同 7 号）
邮　　箱　　36132881@qq.com
电　　话　　010-83143545
印　　刷　　北京中科印刷有限公司
版　　次　　2019 年 9 月第 1 版
印　　次　　2019 年 9 月第 1 次
开　　本　　787 毫米 x 1092 毫米　1/16
印　　张　　15.5
字　　数　　287 千字
定　　价　　120.00 元

中央高校基本科研业务费专项资金资助（2015ZCQ-BH-02）

北京林业大学建设世界一流学科和特色发展引导专项资金资助

## 《河北大海陀国家级自然保护区常见野生动植物图谱》
## 编委会

**主　　任**：郭瑞卿

**副主任**：李志强　武占军

**委　　员**：任志河　李永霞　池翠兰

## 《河北大海陀国家级自然保护区常见野生动植物图谱》
## 编写组

**北京林业大学**：

邢韶华　王　楠　蒲　真　张芳玲　古元阳

于梦凡　余琦殷　宋　超

**河北大海陀国家级自然保护区管理处**：

李志强　武占军　李永霞　任志河　刘永胜

刘青昊　赵丽茗　岳海峰　王向芳

# 前　言

　　河北大海陀国家级自然保护区位于河北省北部的赤城县境内，自然保护区的南面与北京松山国家级自然保护区接壤，地理坐标为东经115°42′57″—115°57′00″，北纬40°32′14″—40°41′40″，总面积为12634公顷，主峰海陀山海拔2241米。该自然保护区属温带山地森林生态系统类型的自然保护区，在我国华北地区植被垂直地带性和生物地理区系等方面具有典型性和代表性。自然生态环境复杂多样，植被垂直分布明显，分布有沟谷胡桃楸林、白桦林、山杨林等天然林和野青茅草甸、披针叶薹草草甸等多种草本植被类型。自然保护区内分布有紫椴、野大豆、黑鹳和金雕等多种国家重点保护的野生动植物。

　　受河北大海陀国家级自然保护区管理处的委托，北京林业大学师生20多人曾在2012~2013年，2016~2017年间多次在自然保护区内开展野生动植物的调查工作，并拍摄了大量照片。我们收集整理了调查过程中拍摄的野生动植物照片，并配以简要的文字说明，汇编成册，以便于自然保护区工作人员、科研工作者以及动植物爱好者等有关人员查阅。该书共收集大海陀自然保护区内常见野生动物44种，隶属于16目30科；野生植物365种，隶属于89科262属。

　　由于水平所限，时间仓促，本书中的缺陷和错误难免，敬请各位读者批评指正。

本书编写组

2019 年 4 月

# 目 录

动 物 篇

## 东北刺猬

（别名：刺团、猬鼠、偷瓜獾、毛刺）
*Erinaceus amurensis*

### 食虫目　猬科

**形态特征：** 体肥矮、爪锐利、眼小、毛短，浑身布满短而密的刺，体背和体侧满布棘刺，头、尾和腹面被毛；嘴尖而长，尾短；前后足均具 5 趾；齿 36~44 枚，均具尖锐齿尖。

**分布与生境：** 分布广泛，大海陀保护区见于大海陀村附近。

## 岩松鼠

*Sciurotamias davidianus*

### 啮齿目　松鼠科

**形态特征：** 中国特有物种。岩松鼠体型中等，体长约 210 毫米。尾长短于体长，但超过体长之半。尾毛蓬松而较背毛稀疏，全身由头至尾基及尾梢均为灰黑黄色。背毛基灰色，毛尖浅黄色，中间混有一定数量的全黑色针毛。

**分布与生境：** 岩松鼠昼行性，营地栖生活，在岩石缝隙中筑巢，多栖息于山地、丘陵多岩石或裸岩等地油松林、针阔混交林、阔叶林、果树林、灌木林等较开阔而不很郁闭的生境。大海陀保护区见于龙潭沟。

## 隐纹花鼠 (别名：花鼠、金花鼠、三道眉)
*Tamiops swinhoei*

**啮齿目 松鼠科**

**形态特征：** 体长 110~120 毫米，尾长几及身长，端毛较长。爪呈钩状。全身自额部起，向后至尾部呈灰褐色，并杂有黑毛。两颊均有浅黄色条纹延至耳基部，背中央有明显的黑色纵纹，两侧有褐黄色及浅黄色的纵纹相间排列。最外一条不与颊部短纹相连，颈、腹部及四肢内侧为灰黄色。耳廓边缘为浅黄色，上有黑白色的短簇毛。眼周为浅黄色。

**分布与生境：** 广泛栖息于各种林型，常在林缘和灌丛活动。大海陀保护区常见。

## 黑线姬鼠
*Apodemus agrarius*

**啮齿目 鼠科**

**形态特征：** 小型鼠类，体长 65~117 毫米，身体纤细灵巧，尾长 50~107 毫米。尾鳞清晰，耳壳较短，前折一般不能到达眼部。四肢较细弱。乳头4对，胸部和鼠鼷部各2对。体背淡灰棕黄色，背部中央具明显纵走黑色条纹，起于两耳间的头顶部，止于尾基部。

**分布与生境：** 栖息环境广泛，在农业区常栖息在地埂、土堤、林缘和田间空地中。在林区生活于草甸、谷地，以及居民区的菜地和柴草垛里，还经常进入居民住宅内过冬。大海陀保护区广布。

## 长尾仓鼠
*Cricetulus longicaudatus*

### 啮齿目　仓鼠科

**形态特征：**尾较长，约占体长的1/3以上，体背部毛暗灰色而稍带棕色，背毛基灰黑色，中部棕黄色，毛尖黑色，近背中部黑色毛尖更浓，形成较重的黑色，但不形成纵纹。头骨整体较狭长，额骨与顶骨几乎呈平面而不隆起，顶骨前外侧角尖细，额骨后缘呈圆弧形。

**分布与生境：**栖息于海拔较高的次生阔叶林地带，选择较干燥的荒地、灌草丛和农田作为栖息地。大海陀保护区广布。

## 貉
*Nyctereutes procyonoides*

### 食肉目　犬科

**形态特征：**体型小，腿短，外形似狐。前额和鼻吻部白色，眼周黑色。颊部覆有蓬松的长毛，形成环状领；背的前部有一交叉形图案；胸部、腿和足暗褐色。尾长小于头体长的33%，且覆有蓬松的毛。背部和尾部的毛尖黑色；头骨轮廓扁平；鼻骨接近1/3处尖锐，有骤然的凹陷。

**分布与生境：**栖息于阔叶林中开阔、接近水源的地方或开阔草甸、茂密的灌丛带和芦苇地。夜行性，沿着河岸、湖边觅食，食谱广泛。大海陀保护区见于二里半保护站附近。

## 狗獾
*Meles meles*

### 食肉目  犬科

**形态特征：** 体重5~10千克，大者达15千克，体长在500~700毫米之间，肥壮，颈部粗短，四肢短健，前后足的趾均具粗而长的黑棕色爪，前足的爪比后足的爪长，尾短，体背褐色与白色或乳黄色混杂，四肢内侧黑棕色或淡棕色。

**分布与生境：** 栖息于森林中或山坡灌丛、田野、坟地、沙丘草丛及湖泊、河溪旁边等各种生境中。大海陀保护区见于龙潭沟。

## 猪獾
*Arctonyx collaris*

### 食肉目  犬科

**形态特征：** 体型粗壮，四肢粗短。吻鼻部裸露突出似猪拱嘴，故名猪獾。头大颈粗，耳小眼也小。尾短，一般长不超过200毫米。前后肢5指（趾），爪发达。猪獾整个身体呈现黑白两色混杂。头部正中从吻鼻部裸露区向后至颈后部有一条白色条纹，宽约等于或略大于吻鼻部宽；在眼下方有一明显的白色区域，其后部黑褐色带渐浅。

**分布与生境：** 栖息于高或中低山区阔叶林、针阔混交林、灌草丛、平原、丘陵等环境中，一般选择天然岩石裂缝、树洞作为栖息位点。大海陀保护区见于龙潭沟。

## 豹猫
*Prionailurus bengalensis*

**食肉目　猫科**

**形态特征：**体长360~900毫米，尾长150~370毫米，体重3~8千克，尾长超过体长的一半。头圆形。从头部至肩部有4条棕褐色条纹，两眼内缘向上各有一条白纹。耳背具有淡黄色斑，全身背面体毛为浅棕色，布满棕褐色至淡褐色斑点。胸腹部及四肢内侧白色，尾背有褐斑点或半环，尾端黑色或暗灰色。

**分布与生境：**主要栖息于山地林区、郊野灌丛和林缘村寨附近。在半开阔的稀树灌丛生境中数量最多。大海陀保护区广布。

## 果子狸
*Paguma larvata*

**食肉目　灵猫科**

**形态特征：**果子狸体长480~500毫米，尾长370~410毫米；体重3600~5000克。体毛短而粗，体色为黄灰褐色，头部毛色较黑，由额头至鼻梁有一条明显的色带，眼下及耳下具有白斑，背部体毛灰棕色。后头、肩、四肢末端及尾巴后半部为黑色，四肢短壮，各具五趾。趾端有爪，爪稍有伸缩性；尾长，约为体长的2/3。

**分布与生境：**主要栖息在森林、灌木丛、岩洞、树洞或土穴中。大海陀保护区见于平地村。

# 野猪
*Sus scrofa*

## 偶蹄目 猪科

**形态特征:** 体躯健壮, 四肢粗短, 头较长, 耳小并直立, 吻部突出似圆锥体, 其顶端为裸露的软骨垫; 每脚有4趾, 且硬蹄, 仅中间2趾着地; 尾巴细短; 犬齿发达, 雄性上犬齿外露, 并向上翻转, 呈獠牙状; 野猪耳披有刚硬而稀疏针毛, 背脊鬃毛较长而硬; 整个体色棕褐或灰黑色, 因地区而略有差异。

**分布与生境:** 栖息于山地、丘陵、荒漠、森林、草地和林丛间, 环境适应性极强。野猪栖息环境跨越温带与热带, 从半干旱气候区至热带雨林、温带林地、草原等都有其踪迹。大海陀保护区广布。

# 狍
*Capreolus capreolus*

## 偶蹄目 鹿科

**形态特征:** 体长1000~1200毫米, 尾长仅20~30毫米, 体重25~45千克。颈长, 尾极短。公狍生茸长角, 母狍无角, 夏为栗红色短毛, 冬为棕褐色厚长毛。鼻吻裸出无毛, 眼大, 有眶下腺, 耳短宽而圆, 内外均被毛。颈和四肢都较长, 后肢略长于前肢, 蹄狭长, 有敖腺, 尾很短, 隐于体毛内。

**分布与生境:** 栖山坡小树林中。大海陀保护区广布。

## 斑羚
*Naemorhedus goral*

**偶蹄目 牛科**

**形态特征：**外形似家养的山羊，但身体粗壮，四肢也粗短，体长950~1300毫米。蹄狭窄。耳窄而直立。眶下腺退化，仅在其处有一小块裸皮。雌雄均具黑色角，角长120~150毫米，向后上方斜向伸出，略向后弯曲。

**分布与生境：**栖息环境多样，从亚热带至北温带地区均有分布，常在密林间的陡峭崖坡出没，并在崖石旁、岩洞或丛林间的小道上隐蔽。大海陀保护区见于九骨咀。

动物篇

## 黑鹳
*Ciconia nigra*

**鹳形目 鹳科**

**形态特征：**成鸟嘴长而直，基部较粗，往先端逐渐变细。鼻孔小，呈裂缝状。第2和第4枚初级飞羽外翈有缺刻。尾较圆，尾羽12枚。脚甚长，胫下部裸出，前趾基部间具蹼，爪钝而短。头、颈、上体和上胸黑色，颈具辉亮的绿色光泽。前颈下部羽毛延长，形成相当蓬松的颈领。下胸、腹、两胁和尾下覆羽白色。嘴红色，尖端较淡，眼周裸皮和脚亦为红色。

**分布与生境：**栖息于河流沿岸、沼泽山区溪流附近，有沿用旧巢的习性。大海陀保护区见于草场沟附近。

## 鸳鸯
*Aix galericulata*

### 雁形目 鸭科

**形态特征：** 体长 380~450 毫米，体重 0.5 千克左右。雌雄异色，雄鸟嘴红色，脚橙黄色，羽色鲜艳而华丽，头具艳丽的冠羽，眼后有宽阔的白色眉纹，翅上有一对栗黄色扇状直立羽，像帆一样立于后背，非常奇特和醒目。雌鸟嘴黑色，脚橙黄色，头和整个上体灰褐色，眼周白色，其后连一细的白色眉纹，亦极为醒目和独特。

**分布与生境：** 主要栖息于山地森林河流、湖泊、水塘、芦苇沼泽和稻田中。杂食性。大海陀保护区见于龙潭沟水库。

## 绿头鸭
*Anas platyrhynchos*

### 雁形目 鸭科

**形态特征：** 体长 470~620 毫米，体重约 1 千克，外形大小和家鸭相似。雄鸟嘴黄绿色，脚橙黄色，头和颈辉绿色，颈部有一明显的白色领环。上体黑褐色，腰和尾上覆羽黑色，两对中央尾羽亦为黑色，且向上卷曲成钩状；外侧尾羽白色。胸栗色。翅、两胁和腹灰白色，具紫蓝色翼镜，翼镜上下缘具宽的白边。雌鸭嘴黑褐色，嘴端暗棕黄色，脚橙黄色和具有的紫蓝色翼镜及翼镜前后缘宽阔的白边等特征。

**分布与生境：** 通常栖息于淡水湖畔，亦成群活动于江河、湖泊、水库、海湾和沿海滩涂盐场等水域。大海陀保护区见于龙潭沟水库。

张鹏 摄

# 金雕
*Aquila chrysaetos*

隼形目　鹰科

**形态特征：** 全长 760~1020 毫米，翼展达 2.3 米。头顶黑褐色，后头至后颈羽毛尖长，呈柳叶状，羽基暗赤褐色，羽端金黄色，具黑褐色羽干纹。上体暗褐色，肩部较淡，背肩部微缀紫色光泽；尾上覆羽淡褐色，尖端近黑褐色，尾羽灰褐色，具不规则的暗灰褐色横斑或斑纹；胸、腹亦为黑褐色，羽轴纹较淡，覆腿羽、尾下覆羽和翅下覆羽及腋羽均为暗褐色，覆腿羽具赤色纵纹。

**分布与生境：** 一般生活于多山或丘陵地区，特别是山谷的峭壁以及筑巢于山壁突出处。栖息于高山草原、荒漠、河谷和森林地带，冬季亦常到山地丘陵和山脚平原地带活动。大海陀保护区见于山顶草甸。

张鹏 摄

# 雉鸡
*Phasianus colchicus*

鸡形目 雉科

**形态特征** 雄鸟和雌鸟羽色不同，雄鸟羽色华丽，多具金属反光，头顶两侧各具有一束能耸立起而羽端呈方形的耳羽簇，下背和腰的羽毛边缘披散如发状；翅稍短圆；尾羽18枚，尾长而逐渐变尖，中央尾羽比外侧尾羽长得多，雄鸟尾羽羽缘分离如发状；雄鸟跗跖上有短而锐利的距，雌鸟较雄鸟为小，羽色亦不如雄鸟艳丽，头顶和后颈棕白色，具黑色横斑。肩和背栗色，杂有粗著的黑纹和宽的淡红白色羽缘；下背、腰和尾上覆羽羽色逐渐变淡，呈棕红色和淡棕色，胸和两胁具黑色沾棕的斑纹。

**分布与生境：** 栖息于低山丘陵、农田、沼泽草地，以及林缘灌丛和公路两边的灌丛与草地中，杂食性。大海陀保护区广布。

## 勺鸡
*Pucrasia macrolopha*

### 鸡形目　雉科

**形态特征：** 体长 390~630 毫米。头部完全被羽，并具有枕冠。尾羽 16 枚，呈楔尾状；中央尾羽较外侧的约长一倍。跗跖较中趾连爪稍长，雄性具有一长度适中的钝形距。雌雄异色，雄鸟头部呈金属暗绿色，并具棕褐色和黑色的长冠羽；颈部两侧各有一白色斑；体羽呈现灰色和黑色纵纹；下体中央至下腹深栗色。雌鸟体羽以棕褐色为主；头不呈暗绿色，下体也无栗色。

**分布与生境：** 栖息于针阔混交林，密生灌丛的多岩坡地，山脚灌丛，开阔的多岩林地。大海陀保护区见于大东沟。

## 山斑鸠
*Streptopelia orientalis*

### 鸽形目　鸠鸽科

**形态特征：** 体长约 320 毫米，喙平直或稍弯曲，嘴基部柔软，被以蜡膜，嘴端膨大而具角质；颈和脚均较短，胫全被羽。上体的深色扇贝斑纹体羽羽缘棕色，腰灰，尾羽近黑，尾梢浅灰。下体多偏粉色，脚红色。

**分布与生境：** 多在开阔农耕区、村庄及房前屋后、寺院周围，或小沟渠附近活动，取食于地面。大海陀保护区见于胜海寺附近。

## 灰斑鸠
*Streptopelia decaocto*

### 鸽形目 鸠鸽科

**形态特征：** 体长 250～340 毫米，全身灰褐色，翅膀上有蓝灰色斑块，尾羽尖端为白色，颈后有黑色颈环，环外有白色羽毛围绕。虹膜红色，眼睑也为红色，眼周裸露皮肤自包或浅灰色，嘴近黑色，脚和趾暗粉红色，爪黑色。

**分布与生境：** 栖息于平原、山麓和低山丘陵地带树林中，也常出现于农田、耕地、果园、灌丛、城镇和村屯附近。大海陀保护区见于二里半保护站附近。

## 普通翠鸟
*Alcedo atthis*

### 佛法僧目 翠鸟科

**形态特征：** 小型鸟类，体长 160～170 毫米，翼展 240～260 毫米，体重 40～45 克，寿命 15 年。外形和斑头大翠鸟相似。但体型较小，体色较淡，耳覆羽棕色，翅和尾较蓝，下体较红褐，耳后有一白斑。雌鸟上体羽色较雄鸟稍淡，多蓝色，少绿色。头顶不为绿黑色而呈灰蓝色。胸、腹棕红色，但较雄鸟为淡，且胸无灰色。幼鸟羽色较苍淡，上体较少蓝色光泽，下体羽色较淡，沾较多褐色，腹中央污白色。

**分布与生境：** 性孤独，平时常独栖在近水边的树枝上或岩石上，伺机

猎食，食物以小鱼为主，兼吃甲壳类和多种水生昆虫及其幼虫,也啄食小型蛙类和少量水生植物。大海陀保护区见于胜海寺附近河流。

## 戴胜
*Upupa epops*

**佛法僧目　戴胜科**

**形态特征** 体长260~280毫米。头、颈、胸淡棕栗色。羽冠色略深且各羽具黑端，在后面的羽黑端前更具白斑。上背和翼上小覆羽转为棕褐色；下背和肩羽黑褐色而杂以棕白色的羽端和羽缘；上、下背间有黑色、棕白色、黑褐色三道带斑及一道不完整的白色带斑，尾上覆羽基部白色，端部黑色。腹及两胁由淡葡萄棕转为白色，并杂有褐色纵纹，至尾下覆羽全

为白色。虹膜褐至红褐色；嘴黑色，基部呈淡铅紫色；脚铅黑色。

**分布与生境：** 栖息于山地、平原、森林、林缘、路边、河谷、农田、草地、村屯和果园等开阔地方，尤其以林缘耕地生境较为常见。大海陀保护区广布。

## 大斑啄木鸟
*Dendrocopos major*

**䴕形目　啄木鸟科**

**形态特征：** 小型鸟类，体长200~250毫米。上体主要为黑色，额、颊和耳羽白色，肩和翅上各有一块大的白斑。尾黑色，外侧尾羽具黑白相间横斑，飞羽亦具黑白相间的横斑。下体污白色，无斑；下腹和尾下覆羽鲜红色。雄鸟枕部红色。

**分布与生境：** 栖息于山地和平原针叶林、针阔叶混交林和阔叶林中，尤以混交林和阔叶林较多，也出现于林缘次生林和农田地边疏林及灌丛地带。大海陀保护区广布。

# 田鹨
*Anthus richardi*

**雀形目 鹡鸰科**

**形态特征：** 体长 150~190 毫米。上体多为黄褐色或棕黄色，头顶和背具暗褐色纵纹，眼先和眉纹皮黄白色。下体白色或皮黄白色，喉两侧有一暗褐色纵纹，胸具暗褐色纵纹。尾黑褐色，最外侧一对尾羽白色。

**分布与生境：** 喜欢在针叶、阔叶、杂木等种类树林或附近的草地栖息，也好集群活动。大海陀保护区见于龙潭沟。

# 白头鹎 (别名：白头翁)
*Pycnonotus sinensis*

**雀形目 鹎科**

**形态特征：** 体长 170~220 毫米，额至头顶纯黑色，两眼上方至后枕白色，形成一白色枕环。耳羽后部有一白斑，背和腰羽大部为灰绿色，翼和尾部稍带黄绿色，喉部白色，胸灰褐色，形成不明显的宽阔胸带，腹部白色或灰白色，杂以黄绿色条纹，上体褐灰或橄榄灰色、具黄绿色羽缘，使上体形成不明显的暗色纵纹。

**分布与生境：** 主要栖息于海拔1000 米以下的低山丘陵和平原地区的灌丛、草地、果园、村落、农田地边，低山地区的阔叶林、混交林和针叶林及其林缘地带。大海陀保护区广布。

## 红尾伯劳
*Lanius cristatus*

**雀形目　伯劳科**

**形态特征：**体长 180~210 毫米。头顶至后颈灰褐色。上背、肩暗灰褐色，下背、腰棕褐色。尾上覆羽棕红色，尾羽棕褐色具有隐约可见不甚明显的暗褐色横斑。两翅黑褐色，内侧覆羽暗灰褐色，外侧覆羽黑褐色。翅缘白色，眼先、眼周至耳区黑色，连结成一粗著的黑色贯眼纹从嘴基经眼直到耳后。眼上方至耳羽上方有一窄的白色眉纹。

**分布与生境：**常见于平原、丘陵至低山区，多筑巢于林缘、开阔地附近。大海陀保护区广布。

## 棕背伯劳
*Lanius schach*

**雀形目　伯劳科**

**形态特征：**中型鸣禽，体长 230~280 毫米。喙粗壮而侧扁，先端具利钩和齿突，嘴须发达；跗跖强健，趾具钩爪。头大，背棕红色。尾长、黑色，外侧尾羽皮黄褐色。两翅黑色具白色翼斑，额、头顶至后颈黑色或灰色，具黑色贯眼纹。下体颏、喉白色，其余下体棕白色。

**分布与生境：**栖息于低山丘陵和山脚平原地区，夏季可上到海拔 2000 米左右的中山次生阔叶林和混交林的林缘地带。大海陀保护区见于胜海寺附近。

# 松鸦
*Garrulus glandarius*

### 雀形目 鸦科

**形态特征：** 体长 280～350 毫米。翅短，尾长，羽毛蓬松呈绒毛状。头顶有羽冠，遇刺激时能够竖直起来。羽色随亚种而不同，头顶红褐色，口角至喉侧有一粗著的黑色颊纹。上体葡萄棕色，尾上覆羽白色，尾和翅黑色，翅上有辉亮的黑、白、蓝三色相间的横斑，极为醒目。

**分布与生境：** 一年中大多数时间都在山上，很少见于平地。针叶林和阔叶林或针阔叶混交林中均可遇见。大海陀保护区见于大东沟。

# 红嘴蓝鹊
*Urocissa erythroryncha*

### 雀形目 鸦科

**形态特征：** 大型鸦类，体长 540～650 毫米。嘴、脚红色，头、颈、喉和胸黑色，头顶至后颈有一块白色至淡蓝白色或紫灰色块斑，其余上体紫蓝灰色或淡蓝灰褐色。尾长，呈凸状，具黑色亚端斑和白色端斑。下体白色。黄嘴蓝鹊外形和羽色和该种非常相似，但黄嘴蓝鹊嘴为黄色，头部仅枕有白色块斑。

**分布与生境：** 常见并广泛分布于林缘地带、灌丛甚至村庄。性喧闹，结小群活动。以果实、小型鸟类及卵、昆虫为食，常在地面取食。大海陀保护区常见。

## 宝兴歌鸫
*Turdus mupinensis*

### 雀形目　鸫科

**形态特征：** 中型鸟类，体长 200～240 毫米。上体橄榄褐色，眉纹棕白色，耳羽淡皮黄色具黑色端斑，在耳区形成显著的黑色块斑。下体白色，密布圆形黑色斑点。

**分布与生境：** 栖息于海拔 1200～3500 米的山地针阔叶混交林和针叶林中。大海陀保护区见于大东沟。

## 山噪鹛
*Garrulax davidi*

### 雀形目　鹛科

**形态特征：** 中型鸣禽。全身黑褐色，上体、下体灰砂褐色或暗灰褐色，无显著花纹；嘴稍向下曲；鼻孔完全被须羽掩盖；嘴在鼻孔处的厚度与其宽度几乎相等。体长约 250 毫米，体重约 55 克。

**分布与生境：** 栖息于山地斜坡上的灌丛中。经常成对活动，善于地面刨食。大海陀保护区广布。

## 紫啸鸫
*Myophonus caeruleus*

雀形目　鸫科

**形态特征：** 前额基部和眼黑色，其余头部和整个上下体羽深紫蓝色，各羽末端均具辉亮的淡紫色滴状斑，此滴状斑在头顶和后颈较小，在两肩和背部较大。两翅黑褐色，翅上覆羽外翈深紫蓝色，翅上小覆羽全为辉紫蓝色，中覆羽除西南亚种无白色端斑外，均具白色或紫白色端斑。头侧、颈侧、颏喉、胸、上腹和两胁等下体亦具辉亮的淡紫色滴状斑，且滴状斑较大而显著，特别是喉、胸部滴状斑更大，常常比背、肩部滴状斑大而显著。腹、后胁和尾下覆羽黑褐色，有的微沾紫蓝色。

**分布与生境：** 主要栖息于海拔3800米以下的山地森林溪流沿岸，尤以阔叶林和混交林中多岩的山涧溪流沿岸较常见。大海陀保护区见于龙潭沟。

## 红尾水鸲
*Rhyacornis fuliginosus*

雀形目　鸫科

**形态特征：** 雄鸟通体大都暗灰蓝色；翅黑褐色；尾羽和尾的上、下覆羽均栗红色。雌鸟上体灰褐色；翅褐色，具两道白色点状斑；尾羽白色，端部及羽缘褐色；尾的上、下覆羽纯白；下体灰色，杂以不规则的白色细斑。

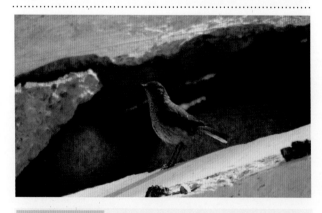

**分布与生境：** 活动于山泉溪涧中或山区溪流、河谷、平原河川岸边的岩石间、溪流附近的建筑物四周或池塘堤岸间。大海陀保护区见于二里半保护站附近河流。

下到低山和山脚平原地带的次生林、人工林和林缘疏林灌丛地带。大海陀保护区见于大东沟。

## 黄腹山雀
*Parus venustulus*

### 雀形目　山雀科

**形态特征：**小型鸟类，体长90~110毫米。雄鸟头和上背黑色，脸颊和后颈各具一白色块斑，在暗色的头部极为醒目。下背、腰亮蓝灰色，翅上覆羽黑褐色，中覆羽和大覆羽具黄白色端斑，在翅上形成两道翅斑，飞羽暗褐色，羽缘灰绿色；尾黑色，外侧一对尾羽大部白色；颏至上胸黑色，下胸至尾下覆羽黄色。雌鸟上体灰绿色，颏、喉、颊和耳羽灰白色，其余下体淡黄色、绿色。

**分布与生境：**主要栖息于海拔2000米以下的山地各种林木中，冬季多

## 无蹼壁虎
*Gekko swinhonis*

### 蜥蜴目　壁虎科

**形态特征：**全长105~132毫米，身体背面一般呈灰棕色，身体扁平，头吻呈三角形。头体背面被颗粒状细鳞，吻部颗粒状细鳞扩大，背部交错排列成12~14行，胸腹部鳞片较大，覆瓦状排列。四肢具五指（趾），指（趾）端膨大，指（趾）间无蹼，膨大处具5~9个攀瓣。

**分布与生境：**栖息场所广泛，几乎所有建筑物的缝隙及树木、岩缝等处均有分布，生活海拔为600~1300米。大海陀保护区常见。

## 山地麻蜥
*Eremias brenchleyi*

**有鳞目　蜥蜴科**

**形态特征：**体型圆长而略平扁，尾圆长，头略扁平而宽，背棕灰夹青、棕绿、棕褐、黑灰等色，腹部乳白色。

**分布与生境：**主要栖息于岩石裸露的砾质山坡以及长有稀疏荆蒿的杂草丛和阔叶林中。大海陀保护区常见。

## 白条锦蛇
*Elaphe dione*

**蛇目　游蛇科**

**形态特征：**头略呈椭圆形，体尾较细长，全长1米左右。鼻孔大，呈"贺"形，头顶有黑褐色斑纹3条，躯尾背面具3条浅色纵纹；正背中一条窄而模糊，常被黑斑（宽1~2枚鳞列）隔断，两侧的两条较宽。

**分布与生境：**栖于田野、坟堆、草坡、林区、河边等地，也常见于菜园、农家的鸡窝、畜圈附近。大海陀保护区见于胜海寺附近。

## 赤峰锦蛇
### *Elaphe anomala*

**蛇目 游蛇科**

**形态特征:** 体背面棕色带灰或浅棕色,前段无斑纹或有极不明显的暗白色横斑;从中段向后有黑色横斑,有的斑至两侧呈不规则分叉,每个斑占 2~4 个鳞列;体后段及尾部的斑明显;腹面浅黄或鹅黄,杂有黑色斑点。

**分布与生境:** 在平原、山区、田地、破旧房屋及住宅屋顶都可见到。大海陀保护区见于大东沟。

## 赤链蛇
### *Dinodon rufozonatum*

**蛇目 游蛇科**

**形态特征:** 头较宽扁,头部黑色,枕部具红色"∧"形斑,体背黑褐色,具多数(60 以上)红色窄横斑,腹面灰黄色,腹鳞两侧杂以黑褐色点斑。

**分布与生境:** 生活于海拔 1900 米以下的田野、竹林、村舍及水域附近。大海陀保护区见于大东沟。

## 华北蝮
*Gloydius stejnegeri*

**蛇目　蝰科**

**形态特征：**成体全长约 600~800 毫米。体色多棕褐色，体两侧各有一列大块圆形斑。斑块宽约占 3~4 枚背鳞，边缘色深而中央色浅，接近体底色，斑块前后边缘镶嵌以黑色细纹，两列斑交错排布，多在体中线处相遇。头枕部有 1 "Y" 形斑，前端分叉，分叉处末端膨大，多数不相遇。

**分布与生境：**主要沿太行山脉分布，多栖息于山中灌丛、高山草甸等环境。

## 中华大蟾蜍
*bufo gargarizans*

**无尾目　蟾蜍科**

**形态特征：**形如蛙，体长 100 毫米以上，雄性较小，皮肤粗糙，全身布满大小不等的圆形瘰疣。头宽大，口阔，吻端圆，吻棱显著。舌分叉，舌面含有大量黏液。近吻端有小形鼻孔 1 对。眼大而突出，眼后方有圆形鼓膜，头顶部两侧有大而长的耳后腺 1 个。四肢粗壮，前肢短、后肢长，趾端无蹼。

**分布与生境：**穴居在泥土中，或栖于石下及草间。大海陀保护区广布。

## 黑斑蛙
*Pelophylax nigromaculatus*

### 无尾目 蛙科

**形态特征：**头部略呈三角形，长略大于宽，口阔，吻钝圆而略尖，近吻端有两个鼻孔，鼻孔长有鼻瓣，可随意开闭以控制气体进出。两眼位于头上方两侧，有上下眼睑，下眼睑上方有一层半透明的瞬膜，眼圆而突出，眼间距较窄，眼后方有圆形鼓膜。

**分布与生境：**生活在高山、平原、丘陵、草地、田园及村舍附近，也常在稻田、河边及草丛中，有

时活动于农舍附近。大海陀保护区见于龙潭沟水库。

## 中国林蛙
*Rana chensinensis*

### 无尾目 蛙科

**形态特征：**雌蛙体长 71～90 毫米，雄蛙较小；头较扁平，头长宽相等或略宽；吻端钝圆，略突出于下颌，吻棱较明显；鼻孔位于吻眼之间，鼻间距大于眼间距而与上眼睑宽。背侧褶在鼓膜上方呈曲折状；后肢长为体长的 185% 左右，后肢前伸贴体时胫跗关节超过眼或鼻孔；外侧 3 趾间几乎近 2/3 蹼；鼓膜部位有三角形黑斑。

**分布与生境：**生活在高山、平原、丘陵、草地、田园及村舍附近，也常在稻田、河边及草丛中，有时活动于农舍附近。大海陀保护区见于大东沟。

植 物 篇

## 旱生卷柏
*Selaginella stauntoniana*

**卷柏科　卷柏属**

**形态特征：**旱生，直立，具一横走的地下根状茎。根托只生横走茎上。根多分叉，密被毛。分枝无毛，背腹压扁。叶交互排列，二形。叶质厚，表面光滑，边缘不为全缘，不具白边。孢子叶一形，卵状三角形。大孢子橘黄色；小孢子橘黄色或橘红色。

**分布与生境：**生于石灰岩石缝中。大海陀保护区广泛分布。

## 中华卷柏
*Selaginella sinensis*

**卷柏科　卷柏属**

**形态特征：**旱生，匍匐，根托在主茎上断续着生，自主茎分叉处下方生出。茎圆柱状，不具纵沟，光滑无毛。孢子叶一形，卵形，边缘具睫毛，有白边，先端急尖，龙骨状；只有一个大孢子叶位于孢子叶穗基部的下侧，其余均为小孢子叶。大孢子白色；小孢子橘红色。

**分布与生境：**生于灌丛中岩石上或土坡上。大海陀保护区见于石头堡村附近。

## 问荆
*Equisetum arvense*

**木贼科　木贼属**

**形态特征：**枝二型。能育枝春季先萌发，高5~35厘米，黄棕色，无轮茎分枝，脊不明显，有密纵沟；不育枝后萌发，高达40厘米，绿色，轮生分枝多，主枝中部以下有分枝。孢子囊穗圆柱形，长1.8~4.0厘米，直径0.9~1.0厘米，顶端钝，成熟时柄伸长，柄长3~6厘米。大海陀保护区见于石头堡村附近。

## 银粉背蕨
*Aleuritopteris argentea*

**中国蕨科　粉背蕨属**

**形态特征：**根状茎直立或斜升，先端被披针形、棕色、有光泽的鳞片。叶簇生；叶柄红棕色、有光泽，上部光滑，基部疏被棕色披针形鳞片；叶片五角形，长宽几相等，缩短。叶干后草质或薄革质，上面褐色、光滑，叶脉不显，下面被乳白色或淡黄色粉末，裂片边缘有明显而均匀的细齿牙。孢子囊群较多；囊群盖连续，狭，膜质，黄绿色，全缘，孢子极面观为钝三角形，周壁表面具颗粒状纹饰。

**分布与生境：**生于海拔1500~2700米的岩石上。大海陀保护区见于龙潭沟。

## 荚果蕨
*Matteuccia struthiopteris*

### 球子蕨科　荚果蕨属

**形态特征：**根状茎粗壮，短而直立，木质，坚硬，深褐色，与叶柄基部密被鳞片；鳞片披针形。叶簇生，二形。叶片椭圆披针形至倒披针形，二回深羽裂，互生或近对生。叶草质，干后绿色或棕绿色，无毛。孢子囊群圆形，成熟时连接而成为线形，囊群盖膜质。

**分布与生境：**生于海拔 80 ~ 3000 米的山谷林下或河岸湿地。大海陀保护区见于石头堡村附近。

---

二叉小脉的上侧分枝顶端，每裂片有 1 枚，靠近叶边；囊群盖杯形，边缘浅裂并有睫毛。

**分布与生境：**生于海拔 250 ~ 2700 米的林下石上及山谷石缝间。大海陀保护区见于龙潭沟。

## 耳羽岩蕨
*Woodsia polystichoides*

### 岩蕨科　岩蕨属

**形态特征：**植株高 15 ~ 30 厘米。叶簇生；柄长 4 ~ 12 厘米，禾秆色或棕禾秆色；叶片线状披针形或狭披针形，长 10 ~ 23 厘米，中部宽 1.5 ~ 3 厘米，渐尖头，向基部渐变狭，一回羽状，羽片 16 ~ 30 对，近对生或互生，中部羽片较大，疏离，椭圆披针形或线状披针形，略呈镰状，长 8 ~ 20 毫米，基部宽 4 ~ 7 毫米，急尖头或尖头，基部不对称，上侧截形，与叶轴平行并紧靠叶轴，有明显的耳形凸起，下侧楔形，边缘变异较大。孢子囊群圆形，着生于

## 密毛岩蕨
### *Woodsia rosthorniana*

岩蕨科　岩蕨属

形态特征：植株高 7~25 厘米。叶多数簇生；柄长 2~6 厘米，粗不及 1 毫米，棕色，基部以上连同叶轴密被黄棕色长节状毛及棕色的线形小鳞片；叶片披针形，长 7~20 厘米，中部宽 1.5~3 厘米，急尖头并为羽裂，基部渐变狭，二回羽状复叶；羽片 10~15 对，近对生或互生，平展，无柄，叶草质，干后棕绿色，两面均密被浅棕色的长节状毛。孢子囊群圆形，着生于小脉的顶端或上部，靠近叶边，成熟时满布于羽片背面。

分布与生境：生于海拔 1000~3000 米林下石上或灌丛中。大海陀保护区见于大东沟。

## 华北石韦
### *Pyrrosia davidii*

水龙骨科　石韦属

形态特征：植株高 5~10 厘米。根状茎略粗壮而横卧，密被披针形鳞片；鳞片长尾状渐尖头，幼时棕色，老时中部黑色，边缘具齿牙。叶密生，一型；叶柄基部着生处密被鳞片，向上被星状毛，禾秆色；叶片狭披针形，全缘，干后软纸质。孢子囊群布满叶片下表面，幼时被星状毛覆盖，棕色，成熟时孢子囊开裂而呈砖红色。

分布与生境：附生阴湿岩石上，分布于海拔 200~2500 米地带。大海陀保护区见于石头堡村附近。

## 有柄石韦
*Pyrrosia petiolosa*

### 水龙骨科　石韦属

**形态特征：** 植株高 5～15 厘米。根状茎细长横走，幼时密被披针形棕色鳞片；鳞片长尾状渐尖头，边缘具睫毛。叶远生，一型；具长柄，基部被鳞片，向上被星状毛，棕色或灰棕色；叶片椭圆形，急尖短钝头，基部楔形，全缘，上面灰淡棕色，有洼点，疏被星状毛，下面被厚层星状毛，初为淡棕色，后为砖红色。孢子囊群布满叶片下面，成熟时扩散并汇合。

**分布与生境：** 多附生于干旱裸露岩石上，分布于海拔 250～2200 米地带。大海陀保护区见于龙潭沟。

## 华北落叶松
（别名：落叶松、雾灵落叶松）
*Larix principis-rupprechil*

### 松科　落叶松属

**形态特征：** 乔木，高达 30 米，胸径可达 1 米。树皮暗灰褐色，不规则纵裂，成小块片脱落。球果；种子斜倒卵状椭圆形，灰白色，具不规则的褐色斑纹，种翅上部三角状。子叶 5～7 枚，针形，长约 1 厘米，下面无气孔线。花期 4～5 月，球果 10 月成熟。

**分布与生境：** 分布于海拔 1400～2800 米的阴坡。大海陀保护区见于大东沟。

# 油松
*Pinus tabulaeformis*

## 松科 松属

**形态特征：** 乔木，高达 25 米，胸径可达 1 米以上。树皮灰褐色或褐灰色，裂成不规则较厚的鳞状块片，裂缝及上部树皮红褐色。针叶 2 针一束，深绿色，粗硬，边缘有细锯齿，两面具气孔线；横切面半圆形。球果卵形或圆卵形，有短梗；种子卵圆形或长卵圆形，淡褐色有斑纹。花期 4~5 月，球果第二年 10 月成熟。

**分布与生境：** 喜光、深根性树种，喜干冷气候，在土层深厚、排水良好的酸性、中性或钙质黄土上生长良好。大海陀保护区广泛栽培。

# 白杆
*Picea meyeri*

## 松科 云杉属

**形态特征：** 乔木，高达 30 米，大枝近平展，树冠塔形。小枝有密生或疏生短毛或无毛。叶四棱状条形，微弯曲，长 1.3~3 厚米，宽约 2 毫米，先端钝尖或钝，横切面四棱形，四面有白色气孔线，上面 6~7 条，下面 4~5 条。球果矩圆状圆柱形，长 6~9 厘米，径 2.5~3.5 厘米。花期 4 月，球果 9 月下旬至 10 月上旬成熟。

**分布与生境：** 分布于海拔 1600~2700 米、气温较低、雨量及湿度较平原高的灰色森林土或棕色森林土地带。大海陀保护区广泛栽培，见于大东沟。

## 圆柏
*Sabina chinensis*

### 柏科　圆柏属

**形态特征：**乔木，高达 20 米，胸径达 3.5 米，树皮深灰色，纵裂，成条片开裂；幼树的枝条通常斜上伸展，形成尖塔形树冠，老则下部大枝平展，形成广圆形的树冠；小枝通常直或稍成弧状弯曲，生鳞叶的小枝近圆柱形或近四棱形。叶二型，即刺叶及鳞叶，鳞叶三叶轮生，刺叶三叶交互轮生。雌雄异株，球果两年成熟，熟时暗褐色，被白粉或白粉脱落。

**分布与生境：**生于中性土、钙质土及微酸性土上。大海陀保护区广泛栽培，见于大东沟。

## 侧柏
*Platycladus orientalis*

### 柏科　侧柏属

**形态特征：**乔木，高达 20 余米，胸径可达 1 米。树皮薄，浅灰褐色，纵裂成条片；枝条向上伸展或斜展；生鳞叶的小枝细，向上直展或斜展，扁平，排成一平面。叶鳞形。雄球花黄色，卵圆形；雌球花近球形，蓝绿色，被白粉。球果近卵圆形，成熟前近肉质，蓝绿色，被白粉；成熟后木质，开裂，红褐色。花期 3~4 月，果 10 月成熟。

**分布与生境：**在河北、山东、山西等地达 1000~1200 米的石灰岩山地、阳坡。大海陀保护区广布，多为栽培。

## 银线草
*Chloranthus japonicus*

**金粟兰科 金粟兰属**

**形态特征：** 多年生草本，高 20~49 厘米；茎直立，单生或数个丛生，不分枝，下部节上对生 2 片鳞状叶。叶对生，通常 4 片生于茎顶，成假轮生，纸质，宽椭圆形或倒卵形，长 8~14 厘米，宽 5~8 厘米，边缘有齿牙状锐锯齿，齿尖有一腺体。穗状花序单一，顶生，连总花梗长 3~5 厘米；花白色。核果近球形或倒卵形，长 2.5~3 毫米，具长 1~1.5 毫米的柄，绿色。花期 4~5 月，果期 5~7 月。

**分布与生境：** 生于海拔 500~2300 米的山坡或山谷杂木林下阴湿处或沟边草丛中。大海陀保护区见于石头堡村附近。

## 黄花柳
*Salix caprea*

**杨柳科 柳属**

**形态特征：** 灌木或小乔木。小枝黄绿色至黄红色，有毛或无毛。叶卵状长圆形、宽卵形至倒卵状长圆形。托叶半圆形，先端尖。花先叶开放；苞片披针形，2 色，两面密被白长毛；仅 1 腹腺；雌花序短圆柱形，有短花序梗；子房狭圆锥形，有柔毛，有长柄，果柄更长，花柱短，柱头 2~4 裂，受粉后，子房发育非常迅速；苞片和腺体同雄花。蒴果长可达 9 毫米。花期 4 月下旬至 5 月上旬，果期 5 月下旬至 6 月初。

**分布与生境：** 生于山坡或林中。大海陀保护区见于石头堡村附近。

## 山杨
*Populus davidiana*

**杨柳科　杨属**

**形态特征：** 乔木，高达 25 米，胸径约 60 厘米。树皮光滑，灰绿色或灰白色，老树基部黑色粗糙；树冠圆形。小枝圆筒形，光滑，赤褐色，萌枝被柔毛。叶三角状卵圆形或近圆形，长宽近等，边缘有密波状浅齿，发叶时显红色，萌枝叶大，三角状卵圆形，下面被柔毛。花序轴有疏毛或密毛，苞片棕褐色，掌状条裂，边缘有密长毛；花药紫红色；柱头带红色。花期 3~4 月，果期 4~5 月。

**分布与生境：** 多生于山坡、山脊和沟谷地带。大海陀保护区见于大东沟。

## 青杨
*Populus cathayana*

**杨柳科　杨属**

**形态特征：** 乔木，高达 30 米。树冠阔卵形；树皮初光滑，灰绿色，老时暗灰色。枝圆柱形，有时具角棱，幼时橄榄绿色，后变为橙黄色至灰黄色，无毛。芽长圆锥形，无毛，紫褐色或黄褐色，多黏质。短枝叶先端渐尖或突渐尖，基部圆形，边缘具圆锯齿，上面亮绿色，下面绿白色，脉两面隆起；长枝或萌枝叶较大，卵状长圆形，基部常微心形。花期 3~5 月，果

期 5~7 月。

**分布与生境：** 生于海拔 800~3000 米的沟谷、河岸和阴坡山麓。大海陀保护区广布，为栽培种。

## 胡桃楸（别名：核桃楸）
### *Juglans mandshurica*

**胡桃科　胡桃属**

**形态特征：** 乔木，枝条扩展，树冠扁圆形。树皮灰色，具浅纵裂；幼枝被有短茸毛。奇数羽状复叶生于萌发枝上。雄性葇荑花序，花序轴被短柔毛。雄花具短花柄；苞片顶端钝。被片披针形或线状披针形，被柔毛，柱头鲜红色，背面被贴伏的柔毛。序轴被短柔毛。果实球状、卵状或椭圆状，顶端尖，密被腺质短柔毛。

**分布与生境：** 多生于土质肥厚、湿润、排水良好的沟谷两旁或山坡的阔叶林中。大海陀保护区石头堡村附近。

## 鹅耳枥（别名：穗子榆）
*Carpinus turczaninowii*

### 桦木科　鹅耳枥属

**形态特征：** 乔木，高 5~10 米。树皮暗灰褐色，粗糙，浅纵裂；枝细瘦，灰棕色，无毛；小枝被短柔毛。叶卵形、宽卵形、卵状椭圆形或卵菱形，有时卵状披针形，顶端锐尖或渐尖，基部近圆形或宽楔形，有时微心形或楔形，边缘具规则或不规则的重锯齿；叶柄长 4~10 毫米，疏被短柔毛。小坚果宽卵形，无毛或有时顶端疏生长柔毛，有时上部疏生树脂腺体。

**分布与生境：** 生于海拔 500~2000 米的山坡或山谷林中。大海陀保护区见于龙潭沟。

## 虎榛子
*Ostryopsis davidiana*

### 桦木科　虎榛子属

**形态特征：** 灌木，高 1~3 米。叶卵形或椭圆状卵形，长 2~6.5 厘米，宽 1.5~5 厘米，顶端渐尖或锐尖，基部心形、斜心形或几圆形，边缘具重锯齿，中部以上具浅裂；侧脉 7~9 对。雄花序单生于小枝的叶腋，倾斜至下垂，短圆柱形，长 1~2 厘米，直径约 4 毫米；花序梗不明显；苞鳞宽卵形，外面疏被短柔毛。果 4 枚至多枚排成总状，下垂，着生于当年生小枝顶端；小坚果宽卵圆形或几球形，长 5~6 毫米，直径 4~6 毫米，褐色，有光泽。

**分布与生境：** 常见于海拔 800~2400 米的山坡。大海陀保护区见于胜海寺附近。

## 白桦（别名：粉桦、桦皮树）
*Betula platyphylla*

**桦木科　桦木属**

**形态特征：** 乔木，高可达 27 米。树皮灰白色，成层剥裂；枝条暗灰色或暗褐色，无毛，具或疏或密的树脂腺体或无。叶厚纸质，三角状卵形、三角状菱形或三角形，少有菱状卵形或宽卵形，顶端锐尖、渐尖至尾状渐尖，上面于幼时疏被毛和腺点，成熟后无毛无腺点，下面无毛，密生腺点。小坚果狭矩圆形、矩圆形或卵形，背面疏被短柔毛，膜质翅较果长 1/3，较少与之等长，与果等宽或较果稍宽。

**分布与生境：** 生于海拔 400～4100 米山坡或林中。大海陀保护区见于大海陀峰附近。

小坚果宽椭圆形，两面无毛，膜质翅宽约为果的 1/2。

**分布与生境：** 生于干燥、土层较厚的阳坡、山顶石岩上、潮湿阳坡、针叶林或杂木林下。大海陀保护区见于龙潭沟附近。

## 黑桦（别名：棘皮桦）
*Betula dahurica*

**桦木科　桦木属**

**形态特征：** 乔木，高 6～20 米。树皮黑褐色，龟裂；枝条红褐色或暗褐色，光亮，无毛。叶厚纸质，通常为长卵形，间有宽卵形、卵形、菱状卵形或椭圆形，顶端锐尖或渐尖，基部近圆形、宽楔形或楔形，边缘具不规则的锐尖重锯齿，上面无毛，下面密生腺点，沿脉疏被长柔毛，脉腋间具簇生的髯毛；叶柄疏被长柔毛或近无毛。

## 硕桦
*Betula costata*

### 桦木科 桦木属

**形态特征：** 乔木，高可达 30 余米。树皮黄褐色或暗褐色，层片状剥裂；叶厚纸质，卵形或长卵形，长 3.5~7 厘米，宽 1.5~4.5 厘米，顶端渐尖至尾状渐尖，基部圆形或近心形，边缘具细尖重锯齿，侧脉 9~16 对；叶柄长 8~20 毫米。果序单生，直立或下垂，矩圆形，长 1.5~2 厘米，直径约 1 厘米；序梗长 2~5 毫米，疏被短柔毛及树脂腺体；果苞长 5~8 毫米，除边缘具纤毛外，其余无毛，中裂片长矩圆形，顶端钝，侧裂片矩圆形或近圆形，顶端圆，微开展或近直立，长仅及中裂片的 1/3。小坚果倒卵形，长约 2.5 毫米，无毛，膜质翅宽仅为果的 1/2。

**分布与生境：** 生于海拔 600~2400 米的山坡或散生于针叶阔叶混交林中。大海陀保护区见于草甸附近。

## 毛榛（别名：火榛子）
*Corylus mandshurica*

### 桦木科 榛属

**形态特征：** 灌木。树皮暗灰色或灰褐色。枝条灰褐色，无毛；小枝黄褐色，被长柔毛，下部的毛较密。叶宽卵形、矩圆形或倒卵状矩圆形。顶端骤尖或尾状，基部心形，边缘具不规则的粗锯齿，中部以上具浅裂或缺刻，苞鳞密被白色短柔毛。坚果几球形，顶端具小突尖，外面密被白色绒毛。

**分布与生境：** 生于海拔 400~1500 米的山坡灌丛中或林下。大海陀保护区见于大海陀村附近。

## 平榛（别名：榛子）
### *Corylus heterophylla*

**桦木科　榛属**

**形态特征：**灌木或小乔木。树皮灰色。枝条暗灰色，无毛，小枝黄褐色，密被短柔毛兼被疏生的长柔毛，无或多少具刺状腺体。叶的轮廓为矩圆形或宽倒卵形，顶端凹缺或截形。坚果近球形，无毛或仅顶端疏被长柔毛。

**分布与生境：**生于海拔 200～1000 米的山地阴坡灌丛中。大海陀保护区见于石头堡村附近。

## 蒙古栎（别名：蒙栎、柞栎、柞树）
### *Quercus mongolica*

**壳斗科　栎属**

**形态特征：**落叶乔木，高达 30 米，树皮灰褐色。叶片倒卵形至长倒卵形，顶端短钝尖或短突尖，基部窄圆形或耳形，叶缘 7～10 对钝齿或粗齿，幼时沿脉有毛，后渐脱落；叶柄长 2～8 毫米，无毛。坚果卵形至长卵形，无毛，果脐微突起。花期 4～5 月，果期 9 月。

**分布与生境：**生于海拔 200～2100 米的山地，常在阳坡、半阳坡形成小片纯林或与桦树等组成混交林。大海陀保护区见于石头堡村附近。

# 大叶朴
*Celtis koraiensis*

## 榆科　朴属

**形态特征：** 落叶乔木，高达 15 米。树皮灰色或暗灰色，浅微裂；当年生小枝老后褐色至深褐色，散生小而微凸、椭圆形的皮孔。叶椭圆形至倒卵状椭圆形，少为倒广卵形，叶柄无毛或生短毛。果单生叶腋，果近球形至球状椭圆形，成熟时橙黄色至深褐色；核球状椭圆形，有四条纵肋，表面具明显网孔状凹陷，灰褐色。花期 4~5 月，果期 9~10 月。

**分布与生境：** 多生于海拔 100 ~ 1500 米的山坡、沟谷林中。大海陀保护区见于龙潭沟。

# 大果榆（别名：芜荑、姑榆、山松榆）
*Ulmus macrocarpa*

## 榆科　榆属

**形态特征：** 落叶乔木或灌木，高达 20 米；树皮暗灰色或灰黑色，纵裂，粗糙。叶宽倒卵形、倒卵状圆形、倒卵状菱形或倒卵形，稀椭圆形，厚革质，大小变异很大。花自花芽或混合芽抽出，在去年生枝上排成簇状聚伞花序或散生于新枝的基部。翅果宽倒卵状圆形、近圆形或宽椭圆形。花果期 4~5 月。

**分布与生境：** 生于海拔 700 ~ 1800 米地带之山坡、谷地、台地、黄土丘陵、固定沙丘及岩石缝中。大海陀保护区山区广布。

## 榆树（别名：榆、白榆、家榆）
*Ulmus pumila*

### 榆科　榆属

**形态特征：**落叶乔木，高达25米，在干瘠之地长成灌木状。叶椭圆状卵形、长卵形、椭圆状披针形或卵状披针形。花先叶开放，在去年生枝的叶腋成簇生状。翅果近圆形，稀倒卵状圆形，果核部分位于翅果的中部，宿存花被无毛。花果期3~6月（东北较晚）。

**分布与生境：**生于海拔1000~2500米之山坡、山谷、川地、丘陵及沙岗等处。大海陀保护区广布，为栽培种。

## 裂叶榆
（别名：大青榆、麻榆、大叶榆、粘榆、尖尖榆）
*Ulmus laciniata*

### 榆科　榆属

**形态特征：**落叶乔木，高达27米。树皮淡灰褐色或灰色；叶倒卵形、倒三角状、倒三角状椭圆形或倒卵状长圆形，基部明显偏斜，楔形、微圆、半心脏形或耳状，叶面密生硬毛，粗糙，叶背被柔毛，沿叶脉较密，脉腋常有簇生毛。花在去年生枝上排成簇状聚伞花序。翅果椭圆形或长圆状椭圆形，裂片边缘有毛。花果期4~5月。

**分布与生境：**生于海拔700~2200米地带之山坡、谷地、溪边之林中。大海陀保护区见于大南沟附近。

# 刺榆

*Hemiptelea davidii*

## 榆科 榆属

**形态特征:** 小乔木,高可达10米,或呈灌木状。树皮深灰色或褐灰色,呈不规则的条状深裂;小枝灰褐色或紫褐色,具粗而硬的棘刺;刺长2~10厘米。叶椭圆形或椭圆状矩圆形,稀倒卵状椭圆形,长4~7厘米,宽1.5~3厘米,先端急尖或钝圆,基部浅心形或圆形,边缘有整齐的粗锯齿,侧脉8~12对,排列整齐,斜直出至齿尖。小坚果黄绿色,斜卵圆形,两侧扁,长5~7毫米,在背侧具

窄翅,形似鸡头,翅端渐狭呈缘状,果梗纤细,长2~4毫米。花期4~5月,果期9~10月。

**分布与生境:** 常生于海拔2000米以下的坡地次生林中。大海陀保护区见于大南沟附近。

# 葎草

(别名:勒草、葛勒子秧、拉拉藤、锯锯藤)

*Humulus scandens*

## 桑科 葎草属

**形态特征:** 缠绕草本,茎、枝、叶柄均具倒钩刺。叶纸质,肾状五角形,掌状5~7深裂,稀为3裂,基部心脏形,表面粗糙,疏生糙伏毛,背面有柔毛和黄色腺体,裂片卵状三角形,边缘具锯齿。雄花小,黄绿色,圆锥花序;雌花序球果状,苞片纸质,三角形,顶端渐尖,具白色绒毛;子房为苞片包围,柱头2,伸出苞片外。花期春夏,果期秋季。

**分布与生境:** 常生于沟边、荒地、废墟、林缘边。大海陀保护区广布。

和北部，现东北至西南各地，西北直至新疆均有栽培。大海陀保护区见于石头堡村附近。

## 蒙桑（别名：岩桑）
*Morus mongolica*

### 桑科　桑属

**形态特征：** 小乔木或灌木。树皮灰褐色，纵裂；小枝暗红色，老枝灰黑色，冬芽卵圆形，灰褐色。叶长椭圆状卵形，先端尾尖，基部心形，边缘具三角形单锯齿，稀为重锯齿，齿尖有长刺芒，两面无毛。雄花花被暗黄色，外面及边缘被长柔毛，花药2室，纵裂。聚花果，成熟时红色至紫黑色。花期3~4月，果期4~5月。

**分布与生境：** 生于海拔800~1500米山地或林中。大海陀保护区见于二里半保护站附近。

## 桑
*Morus alba*

### 桑科　桑属

**形态特征：** 乔木或为灌木，高3~10米或更高，胸径可达50厘米。树皮厚，灰色，具不规则浅纵裂。叶卵形或广卵形，表面鲜绿色，无毛，背面沿脉有疏毛，脉腋有簇毛。花单性，腋生或生于芽鳞腋内；雄花序下垂，密被白色柔毛；雌花序长1~2厘米，被毛；总花梗长5~10毫米，被柔毛，雌花无梗，花被片倒卵形，顶端圆钝，外面和边缘被毛，两侧紧抱子房。聚花果卵状椭圆形，成熟时红色或暗紫色。花期4~5月，果期5~8月。

**分布与生境：** 本种原产我国中部

## 宽叶荨麻
*Urtica laetevirens*

荨麻科　荨麻属

**形态特征：** 多年生草本，高 30~100 厘米。节间常较长，四棱形，近无刺毛或有稀疏的刺毛或疏生细糙毛，在节上密生细糙毛，不分枝或少分枝。叶常近膜质，卵形或披针形，向上的常渐变狭，长 4~10 厘米，宽 2~6 厘米，先端短渐尖至尾状渐尖，基部圆形或宽楔形，边缘除基部和先端全缘外，有锐或钝的牙齿或牙齿状锯齿。雌雄同株，稀异株，雄花序近穗状，纤细，生上部叶腋，长达 8 厘米；雌花序近穗状，生

下部叶腋，较短，纤细，稀缩短成簇生状，小团伞花簇稀疏地着生于序轴上。花期 6~8 月，果期 8~9 月。

**分布与生境：** 生于海拔 800~3500 米的山谷溪边或山坡林下阴湿处。大海陀保护区见于石头堡村附近。

## 麻叶荨麻
*Urtica cannabina*

荨麻科　荨麻属

**形态特征：** 多年生草本，茎高 50~150 厘米。叶片轮廓五角形，掌状 3 全裂、稀深裂，一回裂片再羽状深裂，自下而上变小，在其上部呈裂齿状，叶柄长 2~8 厘米，生刺毛或微柔毛。花雌雄同株，雄花序圆锥状，生下部叶腋，长 5~8 厘米，斜展。花期 7~8 月，果期 8~10 月。

**分布与生境：** 生于海拔 800~2800 米的丘陵性草原或坡地、沙丘坡上、河漫滩、河谷、溪旁等处。大海陀保护区广布。

## 狭叶荨麻
*Urtica angustifolia*

荨麻科　荨麻属

**形态特征：** 多年生草本。茎四棱形，疏生刺毛和稀疏的细糙毛，分枝或不分枝。叶披针形至披针状条形，稀狭卵形，长4~15厘米，宽1~3.5(~5.5)厘米，先端长渐尖或锐尖，基部圆形，稀浅心形，边缘有粗牙齿或锯齿。雌雄异株，花序圆锥状，有时分枝短而少，近穗状，长2~8厘米，序轴纤细。花期6~8月，果期8~9月。

**分布与生境：** 生于海拔800~2200米的山地河谷溪边或台地潮湿处。大海陀保护区见于龙潭沟。

## 蝎子草 (别名：蜂麻)
*Girardinia suborbiculata*

荨麻科　蝎子草属

**形态特征：** 一年生草本。茎高30~100厘米，麦秆色或紫红色，疏生刺毛或细糙伏毛，几不分枝。叶膜质，宽卵形或近圆形，先端短尾状或短渐尖，基部近圆形、截形或浅心形，稀宽楔形。花雌雄同株，雌花序单个或雌雄花序成对生于叶腋；团伞花序枝密生刺毛，连同主轴被近贴生的短硬毛。雄花具梗，内凹，外面疏生短硬毛；退化雌蕊杯状，雌花近无梗。瘦果宽卵形，双凸透镜状，长约2毫米，熟时灰褐色，有不规则的粗疣点。花期7~9月，果期9~11月。

**分布与生境：** 生于海拔50~800米的林下沟边或住宅旁阴湿处。大海陀保护区见于龙潭沟。

## 墙草
*Parietaria micrantha*

荨麻科　墙草属

形态特征：一年生铺散草本，长10~40厘米。茎上升平卧或直立，肉质，纤细，多分枝。叶膜质，卵形或卵状心形，基部圆形或浅心形，上面疏生短糙伏毛，下面疏生柔毛，钟乳体点状，在上面明显。雌花具短梗或近无梗；花被片合生成钟状，4浅裂，浅褐色，薄膜质，裂片三角形。果实坚果状，卵形，黑色，极光滑，有光泽，具宿存的花被和苞片。花期6~7月，果期8~10月。

分布与生境：生于海拔700~3500米的山坡阴湿草地、墙上或岩石下。大海陀保护区见于龙潭沟。

## 急折百蕊草
*Thesium refractum*

檀香科　百蕊草属

形态特征：多年生草本，高20~40厘米。叶线形，长3~5厘米，宽2~2.5毫米，顶端常钝，基部收狭不下延，无柄，两面粗糙，通常单脉。总状花序腋生或顶生；花白色，长5~6毫米；总花梗呈"之"字形曲折；花梗长5~7毫米，细长，有棱，花后外倾并渐反折；苞片1枚，长6~8毫米，叶状，开展；小苞片2枚；花被筒状或阔漏斗状，上部5裂，裂片线状披针形。坚果椭圆状或卵形，长3毫米，直径2~2.5毫米。花期

7月，果期9月。

分布与生境：生于草甸和多砂砾的坡地。大海陀保护区见于山顶草甸。

## 北马兜铃

（别名：马斗铃、铁扁担、臭瓜篓、茶叶包）

*Aristolochia contorta*

### 马兜铃科　马兜铃属

**形态特征：** 草质藤本。叶纸质，卵状心形或三角状心形，基部心形，两侧裂片圆形，下垂或扩展。蒴果宽倒卵形或椭圆状倒卵形，顶端圆形而微凹，6棱，平滑无毛，成熟时黄绿色，由基部向上6瓣开裂；果梗下垂，随果开裂；种子三角状心形，灰褐色，扁平，具小疣点、浅褐色膜质翅。花期5~7月，果期8~10月。

**分布与生境：** 生于海拔500~1200米的山坡灌丛、沟谷两旁以及林缘。大海陀保护区见于石头堡村附近。

## 卷茎蓼

*Fallopia convolvulus*

### 蓼科　何首乌属

**形态特征：** 一年生草本。茎缠绕，长1~1.5米，具纵棱，自基部分枝，具小突起。叶卵形或心形，长2~6厘米，宽1.5~4厘米，顶端渐尖，基部心形，托叶鞘膜质，长3~4毫米，偏斜，无缘毛。花序总状，花梗细弱，比苞片长，中上部具关节；花被5深裂，淡绿色，边缘白色，花被片长椭圆形，外面3片背部具龙骨状突起或狭翅，被小突起；果时稍增大。瘦果椭圆形，具3棱，长3~3.5毫米，黑色。花期5~8月，

果期6~9月。

**分布与生境：** 生于海拔100~3500米的山坡草地、山谷灌丛、沟边湿地。大海陀保护区见于石头堡村附近。

## 萹蓄 (别名：扁竹、竹叶草)
### *Polygonum aviculare*

蓼科　蓼属

**形态特征：** 一年生草本。叶椭圆形、狭椭圆形或披针形，顶端钝圆或急尖，基部楔形，边缘全缘，两面无毛，下面侧脉明显；叶柄短或近无柄，基部具关节；托叶鞘膜质，下部褐色，上部白色，撕裂脉明显。瘦果卵形，具3棱，黑褐色。花期5~7月，果期6~8月。

**分布与生境：** 生于海拔10~4200米的田边路旁、沟边湿地。大海陀保护区广布。

## 长鬃蓼 (别名：马蓼)
### *Polygonum longisetum*

蓼科　蓼属

**形态特征：** 一年生草本。茎直立、上升或基部近平卧，自基部分枝，无毛，节部稍膨大。叶披针形或宽披针形，顶端急尖或狭尖，基部楔形，上面近无毛，下面沿叶脉具短伏毛，边缘具缘毛。瘦果宽卵形，具3棱，黑色，有光泽，包于宿存花被内。花期6~8月，果期7~9月。

**分布与生境：** 生于海拔30~3000米的山谷水边、河边草地。大海陀保护区见于石头堡村附近。

## 酸模叶蓼
*Polygonum lapathifolium*

**蓼科 蓼属**

**形态特征：**一年生草本，高40~90厘米。茎直立，具分枝，无毛，节部膨大。叶披针形，常有一个大的黑褐色新月形斑点；叶柄短，具短硬伏毛；托叶鞘筒状，膜质，淡褐色，无毛。总状花序呈穗状，顶生或腋生，近直立，花紧密；苞片漏斗状；花被淡红色或白色，4(5)深裂，花被片椭圆形。瘦果宽卵形，包于宿存花被内。花期6~8月，果期7~9月。

**分布与生境：**生于海拔30~3900米的田边、路旁、水边、荒地或沟边湿地。大海陀保护区广布。

## 尼泊尔蓼
*Polygonum nepalense*

**蓼科 蓼属**

**形态特征：**一年生草本。茎外倾或斜上，自基部多分枝，茎下部叶卵形或三角状卵形，顶端急尖，基部宽楔形，沿叶柄下延成翅，茎上部叶较小，抱茎；托叶鞘筒状。花序头状，顶生或腋生，花被通常4裂，淡紫红色或白色，花被片长圆形，顶端圆钝。瘦果宽卵形，双凸镜状，黑色，密生洼点，无光泽，包于宿存花被内。花期5~8月，果期7~10月。

**分布与生境：**生于海拔200~4000米的山坡草地、山谷路旁。大海陀保护区见于龙潭沟。

## 杠板归 (别名：刺犁头、贯叶蓼)
*Polygonum perfoliatum*

### 蓼科　蓼属

**形态特征：** 一年生草本。茎攀缘，多分枝，长 1~2 米，具纵棱，沿棱具稀疏的倒生皮刺。叶三角形，顶端钝或微尖，基部截形或微心形，薄纸质，下面沿叶脉疏生皮刺；叶柄与叶片近等长，具倒生皮刺，盾状着生于叶片的近基部；托叶鞘叶状，草质，绿色，圆形或近圆形，穿叶。瘦果球形，黑色，有光泽，包于宿存花被内。花期 6~8 月，果期 7~10 月。

**分布与生境：** 生于海拔 80~2300 米的田边、路旁、山谷湿地。大海陀保护区见于二里半保护站附近。

## 地肤
*Kochia scoparia*

### 藜科　地肤属

**形态特征：** 一年生草本，高 50~100 厘米。根略呈纺锤形。茎直立，圆柱状，淡绿色或带紫红色，有多数条棱；分枝稀疏，斜上。叶披针形或条状披针形，边缘有疏生的锈色绢状缘毛；茎上部叶较小。花两性或雌性，通常构成疏穗状圆锥状花序；花被近球形；胞果扁球形。果皮膜质，与种子离生；种子卵形，黑褐色。花期 6~9 月，果期 7~10 月。

**分布与生境：** 生于田边、路旁、荒地等处。大海陀保护区见于大海陀村附近。

## 藜（别名：灰灰菜）
*Chenopodium album*

藜科　藜属

**形态特征：** 一年生草本，高 30~150 厘米。茎直立，具条棱及绿色或紫红色色条，多分枝；枝条斜升或开展。叶片菱状卵形，上面通常无粉，有时嫩叶的上面有紫红色粉，下面多少有粉。花两性，花簇于枝上部排列成或大或小的穗状圆锥状或圆锥状花序。果皮与种子贴生；种子横生，双凸镜状，表面具浅沟纹；胚环形。花果期 5~10 月。

**分布与生境：** 生于路旁、荒地及田间。大海陀保护区广布。

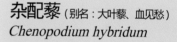

## 杂配藜（别名：大叶藜、血见愁）
*Chenopodium hybridum*

藜科　藜属

**形态特征：** 一年生草本，高 40~120 厘米。茎直立，具淡黄色或紫色条棱，上部有疏分枝无粉或枝上稍有粉。叶片宽卵形，两面均呈亮绿色，边缘掌状浅裂；上部叶较小，叶片多呈三角状戟形。花两性兼有雌性，通常数个团集，在分枝上排列成开散的圆锥状花序。胞果双凸镜状；果皮膜质，与种子贴生；种子横生，胚环形。花果期 7~9 月。

**分布与生境：** 生于林缘、山坡灌丛间、沟沿等处。大海陀保护区见于石头堡村附近。

## 菊叶香藜
*Chenopodium foetidum*

藜科　藜属

**形态特征:** 一年生草本,高20~
60厘米,有强烈气味,全体有具
节的疏生短柔毛。叶片矩圆形,长
2~6厘米,宽1.5~3.5厘米,边
缘羽状浅裂至羽状深裂,先端钝或
渐尖。复二歧聚伞花序腋生;花两
性;花被直径1~1.5毫米,5深裂;
裂片卵形至狭卵形,有狭膜质边缘,
背面通常有具刺状突起的纵隆脊并
有短柔毛和颗粒状腺体,果时开展。
种子横生,周边钝,直径0.5~0.8
毫米,红褐色或黑色。花期7~9月,
果期9~10月。

**分布与生境:** 生于林缘草地、沟
岸、河沿、民居附近,有时也为
农田杂草。大海陀保护区见于大
南沟附近。

## 猪毛菜
*Salsola collina*

藜科　猪毛菜属

**形态特征:** 一年生草本,高
20~100厘米。茎自基部分枝,枝
互生,茎、枝绿色,有白色或紫红
色条纹,生短硬毛或近于无毛。叶
片丝状圆柱形,长2~5厘米,宽
0.5~1.5毫米,伸展或微弯曲,生
短硬毛,顶端有刺状尖。花序穗状,
生枝条上部。种子横生或斜生。花
期7~9月,果期9~10月。

**分布与生境:** 生于村边、路边及荒芜场所。大海
陀保护区见于二里半保护站附近。

## 反枝苋（别名：西风谷）
*Amaranthus retroflexus*

### 苋科　苋属

**形态特征：**一年生草本，高20~80厘米，有时达1米多。茎直立，单一或分枝，淡绿色，有时带紫色条纹，稍具钝棱，密生短柔毛。叶片菱状卵形。圆锥花序顶生及腋生，直立，由多数穗状花序形成。胞果扁卵形，环状横裂，薄膜质，淡绿色，包裹在宿存花被片内；种子近球形，棕色或黑色，边缘钝。花期7~8月，果期8~9月。

**分布与生境：**生于田园内、农地旁、民居附近的草地上，有时生在瓦房上。大海陀保护区广布。

## 商陆（别名：山萝卜）
*Phytolacca acinosa*

### 商陆科　商陆属

**形态特征：**多年生草本，高0.5~1.5米，全株无毛。根肥大，肉质，倒圆锥形。茎直立，圆柱形，有纵沟，肉质，绿色或红紫色，多分枝。叶片薄纸质，椭圆形；叶柄粗壮。总状花序顶生或与叶对生；花两性；花被片5，白色、黄绿色，椭圆形。果序直立；浆果扁球形，熟时黑色；种子肾形，黑色，具3棱。花期5~8月，果期6~10月。

**分布与生境：**生于海拔500~3400米的沟谷、山坡林下、林缘路旁。大海陀保护区见于龙潭沟。

## 马齿苋（别名：麻绳菜）
### *Portulaca oleracea*

马齿苋科　马齿苋属

**形态特征：**一年生草本，全株无毛。茎平卧或斜倚，伏地铺散，多分枝，圆柱形，淡绿色或带暗红色。叶互生，叶片扁平，肥厚，倒卵形，似马齿状，上面暗绿色，下面淡绿色或带暗红色；叶柄粗短。花无梗，常3~5朵簇生枝端。蒴果卵球形，盖裂；种子细小，多数，偏斜球形，黑褐色，有光泽，具小疣状凸起。花期5~8月，果期6~9月。

**分布与生境：**性喜肥沃土壤，耐旱亦耐涝，生活力强，生于菜园、路旁，为田间常见杂草。大海陀保护区广布。

## 鹅肠菜（别名：牛繁缕）
### *Myosoton aquaticum*

石竹科　鹅肠菜属

**形态特征：**二年生或多年生草本，具须根。茎上升，多分枝，长50~80厘米，上部被腺毛。叶片卵形；上部叶常无柄或具短柄，疏生柔毛。顶生二歧聚伞花序；苞片叶状，边缘具腺毛；花瓣白色，2深裂至基部，裂片线形；子房长圆形，花柱短，线形。蒴果卵圆形，稍长于宿存萼；种子近肾形，稍扁，褐色，具小疣。花期5~8月，果期6~9月。

**分布与生境：**生于海拔350~2700米的河流两旁冲积沙地的低湿处或灌丛林缘和水沟旁。大海陀保护区见于石头堡村附近。

## 剪秋罗（别名：大花剪秋萝）
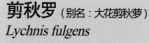
*Lychnis fulgens*

### 石竹科　剪秋罗属

**形态特征：**多年生草本，高50~80厘米，全株被柔毛。根簇生，稍肉质。茎直立。叶片卵状长圆形。二歧聚伞花序具数花，紧缩呈伞房状；苞片卵状披针形；花萼筒状棒形；花瓣深红色，狭披针形，瓣片轮廓倒卵形，深2裂达瓣片的1/2；副花冠片长椭圆形，暗红色，呈流苏状。蒴果长椭圆状卵形；种子肾形。花期6~7月，果期8~9月。

**分布与生境：**生于低山疏林下、灌丛草甸阴湿地。大海陀保护区见于九骨咀附近。

## 石竹
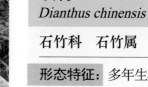
*Dianthus chinensis*

### 石竹科　石竹属

**形态特征：**多年生草本，高30~50厘米，全株无毛，带粉绿色。茎由根颈生出，疏丛生，直立，上部分枝。叶片线状披针形，顶端渐尖，基部稍狭，全缘或有细小齿，中脉较显。花单生枝端或数花集成聚伞花序，紫红色、粉红色、鲜红色或白色，花柱线形。蒴果圆筒形，包于宿存萼内；种子黑色，扁圆形。花期5~6月，果期7~9月。

**分布与生境：**生于草原和山坡草地。大海陀保护区见于石头堡村附近。

## 瞿麦
*Dianthus superbus*

石竹科　石竹属

**形态特征：** 多年生草本，高 50~
60 厘米。叶片线状披针形，长 5~10
厘米，宽 3~5 毫米，顶端锐尖，
中脉特显，基部合生成鞘状。花
1 或 2 朵生枝端，花瓣长 4~5 厘
米，爪长 1.5~3 厘米，包于萼筒
内，通常淡红色或带紫色，稀白色，
喉部具丝毛状鳞片。花期 6~9 月，
果期 8~10 月。

**分布与生境：** 生于海拔 400~3700
米的丘陵山地疏林下、林缘、草甸、
沟谷溪边。大海陀保护区见于山
顶草甸附近。

## 卷耳
*Cerastium arvense*

石竹科　卷耳属

**形态特征：** 多年生疏丛草本，高
10~35 厘米。叶片线状披针形或长
圆状披针形，顶端急尖，基部楔形，
抱茎，被疏长柔毛。聚伞花序顶生，
具 3~7 花；苞片披针形，草质，
花瓣 5，白色，倒卵形，顶端 2 裂
深达 1/4~1/3。蒴果长圆形，顶
端倾斜，10 齿裂；种子肾形，褐色，
略扁，具瘤状凸起。花期 5~8 月，
果期 7~9 月。

**分布与生境：** 生于海拔 1200~2600
米的高山草地、林缘或丘陵区。大
海陀保护区见于石头堡村附近。

## 白头翁
*Pulsatilla chinensis*

### 毛茛科　白头翁属

**形态特征：** 多年生草本，植株高15～35厘米。基生叶4～5，通常在开花时刚刚生出，有长柄；叶片宽卵形，三全裂，中全裂片有柄或近无柄，宽卵形，三深裂，中深裂片楔状倒卵形，全缘或有齿，表面无毛，背面有长柔毛，叶柄有密长柔毛。花葶有柔毛，苞片3，花直立；萼片蓝紫色，长圆状卵形。瘦果纺锤形，有长柔毛，宿存花柱有向上斜展的长柔毛。4～5月开花。

**分布与生境：** 生平原和低山山坡草丛中、林边或干旱多石的坡地。大海陀保护区见于石头堡村附近。

## 细叶白头翁
*Pulsatilla turczaninovii*

### 毛茛科　白头翁属

**形态特征：** 多年生草本，植株高15～25厘米。基生叶4～5，有长柄，为三回羽状复叶，叶片狭椭圆形，有时卵形，羽片3～4对，下部的有柄，上部的无柄，卵形，二回羽状细裂，末回裂片线状披针形或线形。花葶有柔毛；花直立，萼片蓝紫色，卵状长圆形或椭圆形，顶端微尖或钝，背面有长柔毛。

**分布与生境：** 生于草原或山地草坡或林边。大海陀保护区见于石头堡村附近。

## 翠雀 (别名：鸽子花、百部草)
*Delphinium grandiflorum*

### 毛茛科　翠雀属

**形态特征：** 多年生草本，茎高35~65厘米。基生叶和茎下部叶有长柄；叶片圆五角形，三全裂，中央全裂片近菱形，一至二回三裂近中脉，小裂片线状披针形至线形，叶柄长为叶片的3~4倍，基部具短鞘。总状花序有3~15花；下部苞片叶状，其他苞片线形；萼片紫蓝色，椭圆形或宽椭圆形，外面有短柔毛；距钻形，直或末端稍向下弯曲；花瓣蓝色，无毛，顶端圆形；退化雄蕊蓝色，瓣片近圆形或宽倒卵形，顶端全缘或微凹，腹面中央有黄色髯毛。蓇葖果；种子倒卵状四面体形，沿棱有翅。5~10月开花。

**分布与生境：** 生于海拔500~2800米的山地草坡或丘陵砂地。大海陀保护区见于山顶草甸。

## 类叶升麻
*Actaea asiatica*

### 毛茛科　类叶升麻属

**形态特征：** 多年生草本，茎高30~80厘米。叶2~3枚，茎下部的叶为三回三出近羽状复叶，具长柄；叶片三角形；顶生小叶卵形至宽卵状菱形，三裂边缘有锐锯齿，侧生小叶卵形至斜卵形，表面近无毛，背面无毛；叶柄长10~17厘米。茎上部叶的形状似茎下部叶，但

较小，具短柄。总状花序；轴和花梗密被白色或灰色短柔毛；苞片线状披针形；花瓣匙形，下部渐狭成爪。果序与茎上部叶等长或超出上部叶；果实紫黑色。5~6月开花，7~9月结果。

**分布与生境：** 生于海拔350~3100米间山地林下或沟边阴处、河边湿草地。大海陀保护区见于石头堡村附近。

## 华北耧斗菜
*Aquilegia yabeana*

**毛茛科 耧斗菜属**

**形态特征：** 多年生草本，根圆柱形，粗约1.5厘米。茎高40~60厘米，上部分枝。基生叶数个，有长柄；茎中部叶有稍长柄，通常为二回三出复叶；上部叶小，有短柄。花序有少数花，密被短腺毛；花下垂；萼片紫色，狭卵形；花瓣紫色，顶端圆截形，末端钩状内曲，外面有稀疏短柔毛。蓇葖隆起的脉网明显；种子黑色，狭卵球形。5~6月开花。

**分布与生境：** 生于山地草坡或林边。大海陀保护区见于龙潭沟。

## 紫花耧斗菜
*Aquilegia viridiflora f. atropurpurea*

**毛茛科 耧斗菜属**

**形态特征：** 多年生草本，茎高15~50厘米。基生叶少数，二回三出复叶，中央小叶具短柄，楔状倒卵形，上部三裂，裂片常有2~3个圆齿；茎生叶数枚，为一至二回三出复叶，向上渐变小。花3~7朵，萼片暗紫色或紫色，长椭圆状卵形；花瓣瓣片与萼片同色，直立，倒卵形，比萼片稍长或稍短，顶端近截形，距直或微弯。5~7月开花，7~8月结果。

**分布与生境：** 生于海拔200~2300米的山地路旁、河边和潮湿草地。大海陀保护区见于二里半保护站附近。

## 茴茴蒜
*Ranunculus chinensis*

### 毛茛科　毛茛属

形态特征：一年生草本。茎直立粗壮，高 20~70 厘米，基生叶与下部叶有长达 12 厘米的叶柄，为三出复叶，叶片宽卵形至三角形，上部叶较小，叶片 3 全裂。花序有较多疏生的花，花梗贴生糙毛；花瓣 5，宽卵圆形，与萼片近等长或稍长，黄色或上面白色，花托在果期显著伸长，圆柱形，长达 1 厘米，密生白短毛。花果期 5~9 月。

分布与生境：生于海拔 700~2500 米的平原与丘陵，常见于溪边、田旁的水湿草地。大海陀保护区见于二里半保护站附近。

## 毛茛
*Ranunculus japonicus*

### 毛茛科　毛茛属

形态特征：多年生草本。茎直立，高 30~70 厘米，中空，有槽，具分枝。基生叶多数；叶片圆心形或五角形，长及宽为 3~10 厘米，基部心形或截形，通常 3 深裂不达基部，下部叶与基生叶相似，渐向上叶柄变短，叶片较小，3 深裂，裂片披针形，有尖齿牙或再分裂；最上部叶线形，全缘，无柄。聚伞花序有多数花，疏散；花直径 1.5~2.2 厘米；花瓣 5，

倒卵状圆形。花果期 4~9 月。

分布与生境：生于海拔 200~2500 米的田沟旁或林缘路边的湿草地上。大海陀保护区见于大海陀村附近。

## 升麻
*Cimicifuga dahurica*

### 毛茛科　升麻属

形态特征：多年生草本。根状茎粗壮，坚实，表面黑色。茎高 1~2 米，基部粗达 1.4 厘米，微具槽，分枝，被短柔毛。叶为二至三回三出状羽状复叶。花序具分枝 3~20 条，轴密被灰色或锈色的腺毛及短毛；花两性；萼片倒卵状圆形，白色或绿白色，退化雄蕊宽椭圆形，花药黄色或黄白色。蓇葖果长圆形，有伏毛；种子椭圆形，褐色，有横向的膜质鳞翅，四周有鳞翅。7~9 月开花，8~10 月结果。

分布与生境：生于海拔 1100~2300 米的山地林缘、林中或路旁草丛中。大海陀保护区见于石头堡村附近。

## 瓣蕊唐松草
*Thalictrum petaloideum*

### 毛茛科　唐松草属

形态特征：多年生草本，茎高 20~80 厘米，上部分枝。基生叶数个，为三至四回三出或羽状复叶；小叶草质，形状变异很大，宽倒卵形、菱形或近圆形。花序伞房状，有少数或多数花；萼片 4，白色，卵形；雄蕊多数，花药狭长圆形，花丝上部倒披针形，比花药宽。瘦果卵形，有 8 条纵肋。6~7 月开花。

分布与生境：生于海拔 700~3000 米的山坡草地。大海陀保护区见于海陀峰草甸附近。

## 东亚唐松草
*Thalictrum minus* var. *hypoleucum*

**毛茛科　唐松草属**

**形态特征：** 多年生草本，植株全部无毛。小叶较大，背面有白粉，粉绿色，脉隆起，脉网明显，叶柄基部有狭鞘。圆锥花序，萼片4，淡黄绿色，脱落，狭椭圆形；雄蕊多数，花药狭长圆形，顶端有短尖头，花丝丝形；心皮3~5，无柄，柱头正三角状箭头形。瘦果狭椭圆球形，稍扁，有8条纵肋。6~7月开花。

**分布与生境：** 生于丘陵、山地林边或山谷沟边。大海陀保护区见于石头堡村附近。

## 长瓣铁线莲
*Clematis macropetala*

**毛茛科　铁线莲属**

**形态特征：** 藤本。二回三出复叶，小叶片9枚，纸质，卵状披针形或菱状椭圆形，长2~4.5厘米，宽1~2.5厘米，顶端渐尖，基部楔形或近于圆形，两侧的小叶片常偏斜，边缘有整齐的锯齿。花单生于当年生枝顶端，花梗长8~12.5厘米，花萼钟状，直径3~6厘米；萼片4枚，蓝色或淡紫色，狭卵形或卵状披针形。瘦果倒卵形，长5毫米，粗2~3毫米。花期7月，果期8月。

**分布与生境：** 生于荒山坡、草坡岩石缝中及林下。大海陀保护区见于山顶草甸附近。

## 大叶铁线莲
*Clematis heracleifolia*

**毛茛科　铁线莲属**

**形态特征：**直立草本或半灌木。高 0.3~1 米。茎粗壮，有明显的纵条纹，密生白色糙绒毛。三出复叶。聚伞花序顶生或腋生；花杂性，花萼下半部呈管状，顶端常反卷；萼片 4 枚，蓝紫色，长椭圆形至宽线形，常在反卷部分增宽；花药线形，与花丝等长。瘦果卵圆形，两面凸起，红棕色，被短柔毛，宿存花柱丝状，有白色长柔毛。花期 8~9 月，果期 10 月。

**分布与生境：**常生于山坡沟谷、林边及路旁的灌丛中。大海陀保护区见于石头堡村附近。

## 棉团铁线莲
*Clematis hexapetala*

**毛茛科　铁线莲属**

**形态特征：**直立草本，高 30~100 厘米。叶片单叶至复叶，一至二回羽状深裂，顶端锐尖或凸尖，有时钝，全缘，两面或沿叶脉近无毛。花序顶生，聚伞花序或为总状、圆锥状聚伞花序，有时花单生；萼片通常 6，白色，外面密生绵毛，花蕾时像棉花球，内面无毛；雄蕊无毛。瘦果倒卵形，密生柔毛，宿存花柱有灰白色长柔毛。

花期 6~8 月，果期 7~10 月。

**分布与生境：**生于固定沙丘、干山坡或山坡草地。大海陀保护区见于二里半保护站附近。

## 黄花铁线莲
*Clematis intricata*

### 毛茛科　铁线莲属

形态特征：草质藤本。一至二回羽状复叶；小叶有柄，2~3全裂或深裂、浅裂，中间裂片线状披针形、披针形或狭卵形，顶端渐尖，基部楔形，全缘或有少数牙齿，两侧裂片较短，下部常2~3浅裂。聚伞花序腋生，通常为3花，萼片4，黄色，狭卵形或长圆形，顶端尖；花丝线形，有短柔毛，花药无毛。瘦果卵形至椭圆状卵形，扁，边缘增厚，被柔毛，宿存花柱长3.5~5厘米，被长柔毛。花期6~7月，果期8~9月。

分布与生境：生于山坡、路旁或灌丛中。大海陀保护区见于二里半保护站附近。

## 芹叶铁线莲
*Clematis aethusifolia*

### 毛茛科　铁线莲属

形态特征：多年生草质藤本。二至三回羽状复叶或羽状细裂，连叶柄长达7~10厘米，稀达15厘米，末回裂片线形，宽2~3毫米，顶端渐尖或钝圆。聚伞花序腋生，常1(~3)花；萼片4枚，淡黄色，长方椭圆形或狭卵形。花期7~8月，果期9月。

分布与生境：生于山坡及水沟边。大海陀保护区见于二里半保护站附近。

## 牛扁
*Aconitum barbatum* var. *puberulum*

**毛茛科　乌头属**

**形态特征：**多年生草本。基生叶2~4，与茎下部叶具长柄；叶片肾形或圆肾形，三全裂，中央全裂片宽菱形，三深裂近中脉，末回小裂片狭披针形至线形，表面疏被短毛，背面被长柔毛；叶柄被伸展的短柔毛，基部具鞘。顶生总状花序，具密集的花；萼片黄色，外面密被短柔毛，上萼片圆筒形，花瓣无毛，唇长约2.5毫米，距比唇稍短，直或稍向后弯曲。7~8月开花。

**分布与生境：**生于海拔450~900米间山地草坡或多石处，林下或林缘草地。大海陀保护区见于山顶草甸附近。

## 华北乌头
*Aconitum soongaricum* var. *angustius*

**毛茛科　乌头属**

**形态特征：**多年生草本。块根2个。叶分裂程度较大，末回小裂片线形或狭线形。种子只沿棱有翅。茎高80~120厘米。叶片长6~9厘米，宽9~12厘米。总状花序；萼片紫蓝色，上萼片无毛，盔形，下萼片狭椭圆形；花瓣无毛，瓣片大，唇长约6毫米，距长1.5~2毫米，向后弯曲。

**分布与生境：**生于海拔1980~3000米间山地。大海陀保护区见于山顶草甸。

## 高乌头
*Aconitum sinomontanum*

**毛茛科　乌头属**

**形态特征：** 多年生草本。根圆柱形，长达 20 厘米，粗达 2 厘米。茎高可达 150 厘米。叶片肾形或圆肾形，基部宽心形，三深裂约至本身长度的 6/7 处；叶柄具浅纵沟，无毛。总状花序，具密集的花；苞片比花梗长，下部苞片叶状，其他的苞片不分裂，线形；萼片蓝紫色或淡紫色；花瓣唇舌形，向后拳卷。蓇葖；种子倒卵形，具 3 条棱，长约 3 毫米，褐色，密生横狭翅。6~9 月开花。

**分布与生境：** 生于山坡草地或林中。大海陀保护区见于石头堡村附近。

## 小花草玉梅
*Anemone rivularis* var. *flore-minore*

**毛茛科　银莲花属**

**形态特征：** 多年生草本，植株高(10~)15~65 厘米。叶片肾状五角形，三全裂或三深裂，深裂片上部有少数小裂片和牙齿，侧全裂片不等二深裂，两面都有糙伏毛。花莛直立；聚伞花序，花直径(1.3~)2~3 厘米，白色，倒卵形或椭圆状倒卵形。瘦果狭卵球形。5~8 月开花。

**分布与生境：** 生于山地草坡、小溪边或湖边。大海陀保护区见于九骨咀附近。

## 银莲花
*Anemone cathayensis*

### 毛茛科　银莲花属

**形态特征：** 多年生草本，植株高15~40厘米。基生叶4~8，有长柄；叶片圆肾形，偶尔圆卵形，三全裂。花莛2~6，萼片白色或带粉红色，倒卵形或狭倒卵形，顶端圆形或钝，无毛；瘦果扁平，宽椭圆形或近圆形。4~7月开花。

**分布与生境：** 生于海拔1000~2600米间山坡草地、山谷沟边或多石砾坡地。大海陀保护区见于山顶草甸附近。

## 草芍药
*Paeonia obovata*

### 毛茛科　芍药属

**形态特征：** 多年生草本。茎高30~70厘米，无毛，基部生数枚鞘状鳞片。茎下部叶为二回三出复叶；顶生小叶倒卵形或宽椭圆形，顶端短尖，基部楔形，全缘，表面深绿色，背面淡绿色，小叶柄长1~2厘米；茎上部叶为三出复叶或单叶，叶柄长5~12厘米。单花顶生，直径7~10厘米；花瓣6，白色、红色或紫红色，倒卵形。蓇葖卵圆形，成熟时果皮反卷呈红色。花期5~6月；果期9月。

**分布与生境：** 生于海拔800~2600米的山坡草地及林缘。大海陀保护区见于龙潭沟。

## 金莲花
*Trollius chinensis*

**毛茛科　金莲花属**

**形态特征：** 多年生草本。植株全体无毛。茎高 30~70 厘米，不分枝，疏生 2~4 叶。基生叶 1~4 个，有长柄；叶片五角形，基部心形，叶柄基部具狭鞘；茎生叶似基生叶，下部的具长柄，上部的较小，具短柄或无柄。花单独顶生或 2~3 朵组成稀疏的聚伞花序；萼片金黄色；花瓣 18~21 个。蓇葖具稍明显的脉网。6~7 月开花，8~9 月结果。

**分布与生境：** 生于海拔 1000~2200

米山地草坡或疏林下。大海陀保护区见于山顶草甸。

## 细叶小檗
*Berberis poiretii*

**小檗科　小檗属**

**形态特征：** 落叶灌木，高 1~2 米。叶纸质，倒披针形至狭倒披针形，偶披针状匙形，长 1.5~4 厘米，宽 5~10 毫米，先端渐尖或急尖，具小尖头，基部渐狭。穗状总状花序具 8~15 朵花，常下垂；花黄色；花瓣倒卵形或椭圆形，长约 3 毫米，宽约 1.5 毫米，先端锐裂，基部微部缩，略呈爪。浆果长圆形，红色。花期 5~6 月，果期 7~9 月。

**分布与生境：** 生于海拔 600~2300 米的山地灌丛、砾质地、草原化荒漠、山沟河岸或林下。大海陀保护区见于大海陀村附近。

## 红毛七

（别名：类叶牡丹、藏严仙、海椒七、鸡骨升麻）
*Caulophyllum robustum*

### 小檗科　红毛七属

**形态特征：** 多年生草本。茎生2叶，互生，二至三回三出复叶，下部叶具长柄；小叶卵形、长圆形或阔披针形，先端渐尖，全缘，有时2~3裂，上面绿色，背面淡绿色或带灰白色，两面无毛；顶生小叶具柄，侧生小叶近无柄。圆锥花序顶生；花淡黄色，直径7~8毫米；萼片6，倒卵形，花瓣状，花瓣6，远较萼片小，蜜腺状，扇形，基部缢缩呈爪。种子浆果状，微被白粉，熟后蓝黑色，外被肉质假种皮。花期5~6月，果期7~9月。

**分布与生境：** 生于海拔950~3500米的林下、山沟阴湿处。大海陀保护区见于海陀村附近。

## 蝙蝠葛

*Menispermum dauricum*

### 防己科　蝙蝠葛属

**形态特征：** 草质、落叶藤本。根状茎褐色，茎自位于近顶部的侧芽生出，一年生茎纤细，有条纹，无毛。叶纸质或近膜质，轮廓通常为心状扁圆形，3~9裂，很少近全缘，基部心形至近截平，两面无毛，下面有白粉；掌状脉9~12条。圆锥花序单生或有时双生。

**分布与生境：** 常生于路边灌丛或疏林中。大海陀保护区常见。

# 五味子

*Schisandra chinensis*

**木兰科　五味子属**

**形态特征：** 落叶木质藤本。幼枝红褐色，老枝灰褐色，常起皱纹，片状剥落。叶膜质，宽椭圆形、卵形、倒卵形、宽倒卵形或近圆形，基部楔形，上部边缘具胼胝质的疏浅锯齿，近基部全缘。小浆果红色，近球形或倒卵圆形，径6~8毫米，果皮具不明显腺点；种子1~2粒，肾形，淡褐色，种皮光滑，种脐明显凹入成U形。花期5~7月，果期7~10月。

**分布与生境：** 生长在山区的杂木林中、林缘或山沟的灌木丛中，缠绕在其他林木上生长。大海陀保护区见于山顶草甸附近。

# 白屈菜

*Chelidonium majus*

**罂粟科　白屈菜属**

**形态特征：** 多年生草本，主根粗壮，圆锥形，侧根多，暗褐色。茎聚伞状多分枝，分枝常被短柔毛，节上较密，后变无毛。基生叶少，早凋落，叶片倒卵状长圆形或宽倒卵形，羽状全裂，裂片边缘圆齿状，表面绿色，无毛，背面具白粉，疏被短柔毛。蒴果狭圆柱形，具通常比果短的柄；种子卵形，暗褐色，具光泽及蜂窝状小格。花果期4~9月。

**分布与生境：** 常见。生于山野沟边阴湿处。大海陀保护区见于龙潭沟内。

# 野罂粟

（别名：山大烟、山米壳、野大烟、岩罂粟、
山罂粟、小罂粟、橘黄罂粟）
*Papaver nudicaule*

### 罂粟科 罂粟属

**形态特征：** 多年生草本，高 20～
60 厘米。茎极缩短。叶全部基生，
叶片轮廓卵形至披针形，长 3～8
厘米，羽状浅裂、深裂或全裂，
裂片 2～4 对，全缘或再次羽状浅
裂或深裂，小裂片狭卵形、狭披
针形或长圆形。花单生于花葶先
端；花瓣 4，宽楔形或倒卵形，
长 (1.5～)2～3 厘米，边缘具浅波
状圆齿，基部具短爪，淡黄色、
黄色或橙黄色，稀红色。蒴果狭
倒卵形、倒卵形或倒卵状长圆形，
长 1～1.7 厘米，密被紧贴的刚毛。
花果期 5～9 月。

**分布与生境：** 生于海拔 580～2500
米的林下、林缘、山坡草地。大海陀
保护区见于山顶草甸附近。

## 珠果黄堇
*Corydalis speciosa*

### 罂粟科　紫堇属

**形态特征:** 多年生灰绿色草本，高 40~60 厘米。具主根。当年生和第二年生的茎常不分枝，三年以上的茎多分枝。下部茎生叶具柄，上部的近无柄，狭长圆形，总状花序生茎和腋生枝的顶端，密具多花，长 5~10 厘米，待下部的花结果时，上部的花渐疏离，可长达 19 厘米。花金黄色，近平展或稍俯垂。种子黑亮，扁压，直径约 2 毫米，边缘具密集的小点状印痕；种阜杯状，紧贴种子。

**分布与生境:** 生于林缘、路边或水边多石地。大海陀保护区分布于龙潭沟。

## 豆瓣菜
*Nasturtium officinale*

### 十字花科　豆瓣菜属

**形态特征:** 多年生水生草本，高 20~40 厘米，全体光滑无毛。茎匍匐或浮水生，多分枝，节上生不定根。奇数羽状复叶，小叶片 3~9 枚，宽卵形、长圆形或近圆形，顶端 1 片较大，钝头或微凹，近全缘或呈浅波状，基部截平，小叶柄细而扁；侧生小叶与顶生的相似，基部不对称，叶柄基部成耳状，略抱茎。总状花序顶生，花多数；花瓣白色，倒卵形或宽匙形，具脉纹，顶端圆，

基部渐狭成细爪。长角果圆柱形而扁。花期 4~5 月，果期 6~7 月。

**分布与生境:** 喜生水中、水沟边、山涧河边、沼泽地或水田中，海拔 850~3700 米处均可生长。在大海陀保护区见于二里半保护站附近。

## 沼生蔊菜（别名：蔊菜）
*Rorippa islandica*

### 十字花科　蔊菜属

形态特征：二年生或多年生草本。株高 20~80 厘米。茎斜上，有分枝，无毛或下稍有单毛。基生叶和下部茎生叶羽状分裂，长 12 厘米；顶裂片较大，卵形，具弯缺齿。总状花序顶生或腋生，果期伸长，花小，多数，黄色成淡黄色，具纤细花梗。花果期 5~7 月。

分布与生境：生于湿地、路旁、田边。大海陀保护区见于二里半保护站附近。

## 独行菜（别名：腺独行菜）
*Lepidium apetalum*

### 十字花科　独行菜属

形态特征：一年或二年生草本，高 15~30 厘米。茎直立，有分枝，无毛或具微小头状毛。基生叶窄匙形，一回羽状浅裂或深裂；茎上部叶线形，有疏齿或全缘。总状花序在果期可延长至 5 厘米；萼片早落。短角果近圆形或宽椭圆形，扁平，顶端微缺，上部有短翅，隔膜宽不到 1 毫米；果梗弧形，长约 3 毫米；种子椭圆形，长约 1 毫米，平滑，棕红色。花果期 4~6 月。

分布与生境：生于山坡、山沟、庭园、路旁及村舍附近，为极常见田间杂草。在大海陀保护区平原广布。

# 垂果南芥
*Arabis pendula*

### 十字花科　南芥属

**形态特征:** 二年生草本,高 30～150
厘米,全株被硬单毛、杂有 2～3
叉毛。主根圆锥状,黄白色。茎
直立,上部有分枝。茎下部的叶
长椭圆形至倒卵形,顶端渐尖,
边缘有浅锯齿,基部渐狭而成叶
柄,长达 1 厘米;茎上部的叶狭
长椭圆形至披针形,较下部的叶
略小,基部呈心形或箭形,抱茎,
上面黄绿色至绿色。

**分布与生境:** 生于海拔 1500～3600
米的山坡、路旁、河边草丛中及高山
灌木林下和荒漠地区。大海陀保护
区见于石头堡村附近。

# 白花碎米荠
*Cardamine leucantha*

### 十字花科　碎米荠属

**形态特征:** 多年生草本,高 30～75
厘米。基生叶有长叶柄,小叶 2～3
对,顶生小叶卵形至长卵状披针形,
长 3.5～5 厘米,宽 1～2 厘米,边
缘有不整齐的钝齿或锯齿,基部楔
形或阔楔形,小叶柄长 5～13 毫米,
侧生小叶的大小、形态和顶生相似,
但基部不等,有或无小叶柄;茎中
部叶有较长的叶柄,通常有小叶 2
对;茎上部叶有小叶 1～2 对,小
叶阔披针形,较小。总状花序顶生,
花梗细弱,花瓣白色,长圆状楔形,

长 5～8 毫米。长角果线形,长 1～2
厘米,宽约 1 毫米。花期 4～7 月,
果期 6～8 月。

**分布与生境:** 生长于海拔 200 米～
2000 米的地区,多生长于山坡湿
草地、路边、杂木林下以及山谷
沟边阴湿处。大海陀保护区见于
内二里半保护站附近。

## 紫花碎米荠
*Cardamine tangutorum*

**十字花科　碎米荠属**

**形态特征：** 多年生草本。基生叶有长叶柄；小叶 3~5 对，顶生小叶与侧生小叶的形态和大小相似，长椭圆形，顶端短尖，边缘具钝齿，基部呈楔形或阔楔形，无小叶柄，两面与边缘有少数短毛；茎生叶通常只有 3 枚，着生于茎的中上部，有叶柄，小叶 3~5 对，与基生的相似，但较狭小。总状花序有十几朵花，花瓣紫红色或淡紫色，倒卵状楔形，顶端截形，基部渐狭成爪。长角果线形，扁平。花期 5~7 月，果期 6~8 月。

**分布与生境：** 生于海拔 2100~4400 米的高山山沟草地及林下阴湿处。大海陀保护区见于山顶草甸附近。

## 糖芥
*Erysimum bungei*

**十字花科　糖芥属**

**形态特征：** 一年或二年生草本。叶披针形或长圆状线形，基生叶顶端急尖，基部渐狭，全缘，两面有 2 叉毛。总状花序顶生，有多数花；花瓣橘黄色，倒披针形，有细脉纹，顶端圆形，基部具长爪。花期 6~8 月，果期 7~9 月。

**分布与生境：** 生于田边荒地、山坡。大海陀保护区见于石头堡村附近。

## 香花芥

*Hesperis trichosepala*

**十字花科　香花芥属**

**形态特征：** 二年生草本。茎生叶长圆状椭圆形或窄卵形，长 2~4 厘米，宽 3~18 毫米，顶端急尖，基部楔形，边缘有不等尖锯齿。总状花序顶生；花直径约 1 厘米；花瓣倒卵形，长 1~1.5 毫米，基部具线形长爪。长角果窄线形，长 3.5~8 厘米，宽 0.5~1 毫米。花果期 5~8 月。

**分布与生境：** 大海陀保护区见于山顶草甸附近。

## 诸葛菜（别名：二月兰）

*Orychophragmus violaceus*

**十字花科　诸葛菜属**

**形态特征：** 一二年生草本。叶形变化大，基生叶和下部茎生叶大头羽状分裂，顶裂片近圆形或卵形。花紫色或白色，花萼筒状。长角果，线形，具 4 棱。

**分布与生境：** 生于平原、山地、路旁或地边。大海陀保护区见于二里半保护站附近。

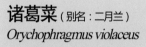

## 景天三七（别名：费菜、土三七）
*Sedum aizoon*

### 景天科 景天属

**形态特征：** 多年生草本。根状茎短，粗茎高 20～50 厘米，有 1～3 条茎，直立，无毛，不分枝。叶互生，狭披针形、椭圆状披针形至卵状倒披针形，先端渐尖，基部楔形，边缘有不整齐的锯齿；叶坚实，近革质。聚伞花序有多花，花瓣 5，黄色，长圆形至椭圆状披针形，有短尖；雄蕊 10，较花瓣短；膏葖星芒状排列，长 7 毫米；种子椭圆形，长约 1 毫米。花期 6～7 月，果期 8～9 月。

**分布与生境：** 生于海拔 1350 米左右山坡阴地。大海陀保护区常见。

## 狭叶红景天
*Rhodiola kirilowii*

### 景天科 红景天属

**形态特征：** 多年生草本。叶互生，线形至线状披针形，先端急尖。花序伞房状，有多花，宽 7～10 厘米；雌雄异株；萼片 5 或 4，三角形，先端急尖；花瓣 5 或 4，绿黄色，倒披针形。种子长圆状披针形，长 1.5 毫米。花期 6～7 月，果期 7～8 月。

**分布与生境：** 生于海拔 2000～5600 米的山地多石草地上或石坡上。大海陀保护区见于山顶草甸附近。

## 小丛红景天
*Rhodiola dumulosa*

**景天科　红景天属**

**形态特征：** 多年生草本。叶互生，线形至宽线形，长 7~10 毫米，宽 1~2 毫米，先端稍急尖，基部无柄，全缘。花序聚伞状，有 4~7 花；萼片 5，线状披针形，长 4 毫米，宽 0.7~0.9 毫米，先端渐尖，基部宽；花瓣 5，白或红色，披针状长圆形，直立，长 8~11 毫米，宽 2.3~2.8 毫米。花期 6~7 月，果期 8 月。

**分布与生境：** 生于海拔 1600~3900 米的山坡石上。大海陀保护区见于九骨咀附近。

## 瓦松
*Orostachys fimbriatus*

**景天科　瓦松属**

**形态特征：** 二年生草本。一年生莲座丛的叶短；莲座叶线形，先端增大，为白色软骨质，半圆形，有齿；二年生花茎一般高 10~20 厘米，小的只有 5 厘米高，高的有时达 40 厘米；叶互生，疏生，有刺，线形至披针形，长可达 3 厘米，宽 2~5 毫米。

**分布与生境：** 生于海拔 1600 米以下的山坡石上或屋瓦上。大海陀保护区见于龙潭沟。

## 华北八宝（别名：华北景天）
### *Hylotelephium tatarinowii*

**景天科　八宝属**

**形态特征：** 多年生草本。叶互生，狭倒披针形至倒披针形，长1.2~3厘米，宽5~7毫米，先端渐尖、钝，基部渐狭，边缘有疏锯齿至浅裂，近有柄。伞房状花序宽3~5厘米；花瓣5，浅红色，卵状披针形，长4~6毫米，宽1.7~2毫米，先端浅尖。花期7~8月，果期9月。

**分布与生境：** 生于海拔1000~3000米处山地石缝中。大海陀保护区见于大东沟。

直径约1厘米，未熟时浅绿色至浅黄绿色，熟后转变为暗红黑色，具多数黄褐色小刺。花期5~6月，果期7~8月。

**分布与生境：** 生于山地针叶林、阔叶林或针阔叶混交林下及林缘，也见于山坡灌丛及溪流旁，海拔900~2300米。大海陀保护区见于大海陀村附近。

## 刺果茶藨子
（别名：刺李、刺梨、山梨、刺醋李、醋栗）
### *Ribes burejense*

**虎耳草科　茶藨子属**

**形态特征：** 落叶灌木。老枝较平滑，灰黑色或灰褐色，小枝灰棕色，在叶下部的节上着生3~7枚长达1厘米的粗刺，节间密生长短不等的细针刺。叶宽卵圆形，长1.5~4厘米，宽1.5~5厘米，掌状3~5深裂，裂片先端稍钝或急尖，边缘有粗钝锯齿；叶柄长1.5~3厘米。花两性，单生于叶腋或2~3朵组成短总状花序；花序轴长4~7毫米，具疏柔毛或几无毛，或具疏腺毛；花瓣匙形或长圆形，长4~5毫米，宽1.5~3毫米，浅红色或白色。果实圆球形，

# 东北茶藨子
*Ribes mandshuricum*

### 虎耳草科　茶藨子属

**形态特征：** 落叶灌木，高1～3米。小枝灰色或褐灰色，叶宽大，长5～10厘米，宽几与长相似，基部心脏形，常掌状3裂，稀5裂，裂片卵状三角形。总状花序长7～16厘米，稀达20厘米，初直立后下垂，花多达40～50朵；花瓣近匙形，长1～1.5毫米，宽稍短于长，先端圆钝或截形，浅黄绿色，下面有5个分离的突出体。果实球形，直径7～9毫米，红色，无毛，味酸可食；种子多数，较大，圆形。花期4～6月，果期7～8月。

**分布与生境：** 生于海拔300～1800米的山坡或山谷针阔叶混交林下或杂木林内。大海陀保护区见于龙潭沟。

# 独根草
（别名：岩花、小岩花、山苞草、爬山虎）
*Oresitrophe rupifraga*

### 虎耳草科　独根草属

**形态特征：** 多年生草本，高12～28厘米。根状茎粗壮，具芽，芽鳞棕褐色。叶均基生，2～3枚；叶片心形至卵形，长3.8～9.7（～25.5）厘米，宽3.4～9（～22）厘米，先端短渐尖，边缘具不规则齿牙，基部心

形，腹面近无毛，背面和边缘具腺毛，叶柄长11.5～13.5厘米，被腺毛。花葶不分枝，密被腺毛。

**分布与生境：** 生于海拔590～2050米的山谷、悬崖之阴湿石隙。大海陀保护区见于龙潭沟。

## 落新妇（别名：红升麻）
*Astilbe chinensis*

### 虎耳草科　落新妇属

**形态特征：**多年生草本，高50~100厘米。基生叶为二至三回三出羽状复叶；顶生小叶片菱状椭圆形，侧生小叶片卵形至椭圆形，长1.8~8厘米，宽1.1~4厘米，先端短渐尖至急尖，边缘有重锯齿，基部楔形、浅心形至圆形；茎生叶2~3，较小。圆锥花序长8~37厘米，宽3~4（~12）厘米；下部第一回分枝长4~11.5厘米，通常与花序轴成15~30度角斜上；花瓣5，淡紫色至紫红色，线形，长4.5~5毫米，宽0.5~1毫米，单脉。蒴果长约3毫米；种子褐色，长约1.5毫米。花果期6~9月。

**分布与生境：**生于海拔390~3600米的山谷、溪边、林下、林缘和草甸等处。大海陀保护区见于龙潭沟。

## 梅花草
*Parnassia palustris*

虎耳草科　梅花草属

形态特征：多年生草本。基生叶3至多数，具柄；叶片卵形至长卵形，偶有三角状卵形，长1.5~3厘米，宽1~2.5厘米，先端圆钝或渐尖，常带短头，基部近心形，边全缘，叶柄长3~6(~8)厘米，两侧有窄翼，具长条形紫色斑点。花单生于茎顶，花瓣白色，宽卵形或倒卵形。花期7~9月，果期10月。

分布与生境：生于海拔1580~2000米的潮湿山坡草地中、沟边或河谷地阴湿处。大海陀保护区见于龙潭沟。

## 太平花
*Philadelphus pekinensis*

虎耳草科　山梅花属

形态特征：灌木，高1~2米。分枝较多；二年生小枝无毛，表皮栗褐色，当年生小枝无毛，表皮黄褐色，不开裂。叶卵形或阔椭圆形，先端长渐尖，基部阔楔形或楔形，边缘具锯齿，稀近全缘，两面无毛，稀仅下面脉腋被白色长柔毛；叶脉离基出3~5条；花枝上叶较小，椭圆形或卵状披针形；叶柄无毛。总状花序有花5~7 (~9) 朵，花瓣白色。

分布与生境：生于海拔700~900米山坡杂木林中或灌丛中。大海陀保护区常见。

## 大花溲疏
*Deutzia grandiflora*

**虎耳草科 溲疏属**

**形态特征**：灌木，高约2米。老枝紫褐色或灰褐色，无毛，表皮片状脱落；花枝黄褐色，被具中央长辐线星状毛。叶纸质，卵状菱形或椭圆状卵形，先端急尖，基部楔形或阔楔形，边缘具大小相间或不整齐锯齿，上面被4~6辐线星状毛，下面灰白色，被7~11辐线星状毛，毛稍紧贴，沿叶脉具中央长辐线，侧脉每边5~6条；叶柄被星状毛。聚伞花序，花瓣白色。

**分布与生境**：生于海拔800~1600米山坡、山谷或路旁灌丛中。大海陀保护区见于石头堡村附近。

**分布与生境**：生于海拔1000~1500米山谷林缘。大海陀保护区山区广布。

## 小花溲疏
*Deutzia parviflora*

**虎耳草科 溲疏属**

**形态特征**：灌木，高约2米。老枝灰褐色或灰色，表皮片状脱落；花枝长3~8厘米，具4~6叶，褐色，被星状毛。叶纸质，卵形、椭圆状卵形或卵状披针形，先端急尖或短渐尖，基部阔楔形或圆形，边缘具细锯齿。伞房花序，多花，花瓣白色，阔倒卵形或近圆形，先端圆，基部急收狭。蒴果球形，直径2~3毫米。花期5~6月，果期8~10月。

## 东陵绣球（别名：东陵八仙花）
### *Hydrangea bretschneideri*

**虎耳草科　绣球属**

**形态特征：** 灌木，高1~3米。树皮较薄，常呈薄片状剥落。叶薄纸质或纸质，卵形至长卵形、倒长卵形或长椭圆形，先端渐尖，具短尖头，基部阔楔形或近圆形，边缘有具硬尖头的锯形小齿或粗齿。伞房状聚伞花序较短小，顶端截平或微拱；不育花萼片4，广椭圆形、卵形、倒卵形或近圆形，近等大，钝头，全缘；孕性花萼筒杯状，长约1毫米，萼齿三角形，花瓣白色，卵状披针形或长圆形。

**分布与生境：** 生于海拔1200~2800米的山谷溪边或山坡密林或疏林中。大海陀保护区见于龙潭沟。

## 球茎虎耳草
### *Saxifraga sibirica*

**虎耳草科　虎耳草属**

**形态特征：** 多年生草本，高6.5~25厘米。具鳞茎。茎密被腺柔毛。基生叶具长柄，叶片肾形，7~9浅裂，裂片卵形、阔卵形至扁圆形。聚伞花序伞房状，具2~13花，花瓣白色，倒卵形至狭倒卵形，基部渐狭呈爪，3~8脉，无痂体。花果期5~11月。

**分布与生境：** 生于海拔770~5100米的林下、灌丛、高山草甸和石隙。大海陀保护区见于龙潭沟。

## 互叶金腰
*Chrysosplenium alternifolium*

### 虎耳草科　金腰属

**形态特征：** 多年生草本，植株较小。叶片肾状圆形，长4~8毫米，宽6~12毫米，果期增大，秋季生者长可达3厘米，宽达5厘米；基部深心形，边缘有5~8个浅圆齿，表面绿色，背面灰绿色，两面被稀疏柔毛或无毛，茎生叶1~2，互生，肾状圆形，基部近截形至浅心形，具短柄。聚伞花序密集；苞片鲜黄色或绿色，似茎生叶；花近无梗，鲜黄色；萼片4，半圆形，长1.5~2毫米，金黄色。蒴果与萼片近等长，上缘略截形，中部稍凹缺；种子椭圆形，一侧有肋棱，平滑，有光泽，黑褐色，长0.5~0.6毫米，宽约0.3毫米。花期4~5月。

**分布与生境：** 多分布于高山草丛中、林中阴湿地、山谷溪边、针阔混交林中。大海陀保护区见于龙潭沟。

## 地蔷薇
*Chamaerhodos erecta*

蔷薇科　地蔷薇属

**形态特征：** 二年生草本或一年生草本。具长柔毛及腺毛。根木质。茎直立或弧曲上升，高 20~50 厘米，单一，常在上部分枝。基生叶密生，莲座状，二回羽状三深裂，侧裂片二深裂，中央裂片常三深裂，二回裂片具缺刻或三浅裂，小裂片条形，先端圆钝，基部楔形，全缘；托叶形状似叶，三至多深裂；茎生叶似基生叶，三深裂，近无柄。聚伞花序顶生，具多花，二歧分枝形成圆锥花序；花瓣倒卵形，白色或粉红色，无

毛，先端圆钝，基部有短爪；花丝比花瓣短。瘦果卵形或长圆形，深褐色，无毛，平滑，先端具尖头。花果期 6~8 月。

**分布与生境：** 生于山坡、丘陵或干旱河滩。大海陀保护区分布于二里半保护站附近。

## 地榆
*Sanguisorba officinalis*

蔷薇科　地榆属

**形态特征：** 多年生草本，高 50~150 厘米。根粗壮，多呈纺锤形，稀圆柱形，表面棕褐色或紫褐色，有纵皱及横裂纹，横切面黄白或紫红色。茎直立，有棱，无毛或基部有稀疏腺毛。基生叶为羽状复叶，有小叶 4~6 对，叶柄无毛或基部有稀疏腺毛；小叶片有短柄，卵形或长圆状卵形。瘦果，褐色，有细毛，具纵棱。花期 6~7 月，果期 8~9 月。

**分布与生境：** 生于山坡、谷地、草丛以及林缘和林内。大海陀保护区见于山顶草甸。

# 稠李
*Padus racemosa*

蔷薇科　稠李属

**形态特征：** 落叶乔木，高可达 15 米。叶片椭圆形、长圆形或长圆倒卵形，长 4~10 厘米，宽 2~4.5 厘米，先端尾尖，基部圆形或宽楔形，边缘有不规则锐锯齿，有时混有重锯齿。总状花序具有多花，长 7~10 厘米，基部通常有 2~3 叶，叶片与枝生叶同形，通常较小；花直径 1~1.6 厘米；花瓣白色，长圆形，先端波状，基部楔形，有短爪。核果卵球形，顶端有尖头，直径 8~10 毫米，红褐色至黑色，光滑，果梗无毛；萼片脱落；核有褶皱。花期 4~5 月，果期 5~10 月。

**分布与生境：** 生于海拔 880~2500 米的山坡、山谷或灌丛中。大海陀保护区分布于石头堡村附近。

## 欧李
*Cerasus humilis*

蔷薇科 樱属

**形态特征:** 灌木,高0.4~1.5米。小枝灰褐色或棕褐色,被短柔毛。叶片倒卵状长椭圆形或倒卵状披针形,中部以上最宽,先端急尖或短渐尖,基部楔形,边缘有单锯齿或重锯齿;托叶线形,长5~6毫米,边缘有腺体。花单生或2~3花簇生,花叶同开;花梗长5~10毫米,被稀疏短柔毛;萼片三角状卵圆形,先端急尖或圆钝;花瓣白色或粉红色,长圆形或倒卵形。核果成熟后近球形,红色或紫红色。花期4~5月,果期6~10月。

**分布与生境:** 生于海拔100~1800米的阳坡砂地、山地灌丛中。大海陀保护区见于大东沟。

## 山桃
*Amygdalus davidiana*

蔷薇科 桃属

**形态特征:** 落叶乔木,株高可达10米。树皮暗紫色,光滑有光泽。嫩枝无毛。叶片卵圆状披针形,先端长渐尖,基部楔形,边缘具细锐锯齿,两面平滑无毛。花单生,先叶开放,近无梗。果肉干燥,离核,果核小,球形,有凹沟。花期3~4月,果期7月。

**分布与生境:** 生于向阳坡地或林缘。大海陀保护区分布于石头堡村附近。

# 榆叶梅
*Amygdalus triloba*

蔷薇科　桃属

**形态特征：**灌木，稀小乔木，高2~3米。小枝灰色。叶片宽椭圆形至倒卵形，先端短渐尖，常3裂，基部宽楔形，叶边具粗锯齿或重锯齿。花1~2朵，先于叶开放，直径2~3厘米；花梗长4~8毫米；花瓣近圆形或宽倒卵形，先端圆钝，粉红色。果实近球形，果肉薄，成熟时开裂；核近球形，具厚硬壳，表面具不整齐的网纹。花期4~5月，果期5~7月。

**分布与生境：**生于低至中海拔的坡地或沟旁乔、灌木林下或林缘。大海陀保护区分布于石头堡村附近。

# 山杏
*Armeniaca sibirica*

蔷薇科　杏属

**形态特征：**为杏的变种。与原种极为相似，唯花两朵并生，稀为三朵簇生。核果密被柔毛，红色或橙黄色，直径约2厘米；果核网纹明显，背棱锐。

**分布与生境：**生于海拔700~2000米的干燥向阳山坡上、丘陵草原或与落叶乔灌木混生。大海陀保护区广布。

## 龙芽草
*Agrimonia pilosa*

蔷薇科　龙芽草属

**形态特征：** 多年生草本，株高 40～130 厘米。茎常分枝，有长柔毛。基数羽状复叶。托叶亚心形，近全缘或具锯齿。花序穗状总状顶生，分枝或不分枝，花序轴被柔毛。果实倒卵圆锥形，外面有 10 条肋，被疏柔毛，顶端有数层钩刺，幼时直立，成熟时靠合，连钩刺长 7～8 毫米，最宽处直径 3～4 毫米。花期 6～9 月，果期 8～10 月。

**分布与生境：** 生于山坡、谷地、草丛、水边、路旁。大海陀保护区常见。

## 花楸树
*Sorbus pohuashanensis*

蔷薇科　花楸属

**形态特征：** 乔木，高达 8 米。奇数羽状复叶，连叶柄在内长 12～20 厘米，叶柄长 2.5～5 厘米；小叶片 5～7 对，间隔 1～2.5 厘米，基部和顶部的小叶片常稍小，卵状披针形或椭圆状披针形长 3～5 厘米，宽 1.4～1.8 厘米，先端急尖或短渐尖，基部偏斜圆形，边缘有细锐锯齿，基部或中部以下近于全缘。复伞房花序具多数密集花朵，总花梗和花梗均密被白色绒毛，花瓣宽卵形或近圆形，长 3.5～5 毫米，宽 3～4 毫米，先端圆钝，白色，

内面微具短柔毛。果实近球形，直径 6～8 毫米，红色或橘红色，具宿存闭合萼片。花期 6 月，果期 9～10 月。

**分布与生境：** 常生于海拔 900～2500 米的山坡或山谷杂木林内。大海陀保护区见于龙潭沟。

## 山刺玫（别名：刺玫蔷薇）
*Rosa davurica*

**蔷薇科　蔷薇属**

**形态特征：**直立灌木。小枝圆柱形，无毛，紫褐色或灰褐色，有带黄色皮刺，皮刺基部膨大，稍弯曲，常成对而生于小枝或叶柄基部。小叶7~9，连叶柄长4~10厘米；小叶片长圆形或阔披针形，长1.5~3.5厘米，宽5~15毫米，先端急尖或圆钝，基部圆形或宽楔形，边缘有单锯齿和重锯齿，托叶大部贴生于叶柄，离生部分卵形，边缘有带腺锯齿，下面被柔毛。花单生于叶腋，或2~3朵簇生；苞片卵形，边缘有腺齿，下面有柔毛和腺点；花瓣粉红色，倒卵形，先端不平整，基部宽楔形。果近球形或卵球形，直径1~1.5厘米，红色，光滑，萼片宿存，直立。花期6~7月，果期8~9月。

**分布与生境：**多生于海拔430~2500米的山坡阳处或杂木林边、丘陵草地。大海陀保护区见于石头堡村附近。

## 黄刺玫
### *Rosa xanthina*

**蔷薇科　蔷薇属**

**形态特征:** 直立灌木,高 2~3 米。小枝无毛,有散生皮刺,无针刺。小叶片宽卵形或近圆形,稀椭圆形,先端圆钝,基部宽楔形或近圆形,边缘有圆钝锯齿,叶轴、叶柄有稀疏柔毛和小皮刺。花单生于叶腋,重瓣或半重瓣,黄色,无苞片;花直径 3~4(~5) 厘米;果近球形或倒卵圆形,紫褐色或红褐色;直径 8~10 毫米,无毛,花后萼片反折。花期 4~6 月,果期 7~8 月。

**分布与生境:** 生于向阳山坡或灌木丛中。大海陀保护区见于石头堡村附近。

## 美蔷薇
### *Rosa bella*

**蔷薇科　蔷薇属**

**形态特征:** 灌木,老枝常密被针刺。小叶 7~9,稀 5,小叶片椭圆形、卵形或长圆形,先端急尖或圆钝,基部近圆形,边缘有单锯齿。花单生或 2~3 朵集生,花直径 4~5 厘米;花瓣粉红色,宽倒卵形,先端微凹,基部楔形。果椭圆状卵球形,直径 1~1.5 厘米,顶端有短颈,猩红色,有腺毛,果梗可达 1.8 厘米长。花期 5~7 月,果期 8~10 月。

**分布与生境:** 多生于灌丛中、山

脚下或河沟旁等处,海拔可达 1700 米。大海陀保护区见于大东沟。

## 甘肃山楂
*Crataegus kansuensis*

蔷薇科　山楂属

形态特征：灌木或乔木，高2.5~8米。枝刺多，锥形。叶片宽卵形，长4~6厘米，宽3~4厘米，先端急尖，基部截形或宽楔形，边缘有尖锐重锯齿和5~7对不规则羽状浅裂片，裂片三角卵形。伞房花序；总花梗和花梗均无毛；花白色。果实近球形，直径8~10毫米，红色或橘黄色，萼片宿存；果梗细，长1.5~2厘米；小核2~3，内面两侧有凹痕。花期5月，果期7~9月。

分布与生境：生于海拔1000~3000米的杂木林中、山坡阴处及山沟旁。大海陀保护区见于龙潭沟。

## 路边青（别名：水杨梅）
*Geum aleppicum*

蔷薇科　路边青属

形态特征：多年生直立草本。株高40~80厘米。全株被长柔毛。羽状复叶。基生小叶3~6对；顶端小叶最大，倒卵圆形，先端急尖，基部截形或近心形，边缘有浅裂或粗大锯齿。瘦果多数，排成圆球形，聚合果，每个瘦果顶端有由花柱形成的钩状长喙。花期5~8月，果期7~9月。

分布与生境：生于洼地、水边、湿地、林缘和林内。大海陀保护区见于龙潭沟。

## 委陵菜
*Potentilla chinensis*

**蔷薇科　委陵菜属**

**形态特征：** 多年生草本。根茎粗壮，木质化，基部留有残叶。茎粗壮，多直立，密被白色绒毛。羽状复叶。基生叶丛生；小叶长圆状倒卵形或长圆形，羽状深裂。瘦果，肾状卵形，有皱纹。花期5~9月，果期6~10月。

**分布与生境：** 见于低海拔的荒地、山坡和道旁，为普遍分布的杂草。大海陀保护区见于石头堡村附近。

## 二裂委陵菜
*Potentilla bifurca*

**蔷薇科　委陵菜属**

**形态特征：** 多年生草本或亚灌木。羽状复叶，有小叶5~8对，最上面2~3对小叶基部下延与叶轴汇合，连叶柄长3~8厘米；叶柄密被疏柔毛或微硬毛，小叶片无柄，椭圆形或倒卵椭圆形，长0.5~1.5厘米，宽0.4~0.8厘米，顶端常2裂，稀3裂，基部楔形或宽楔形，两面绿色，伏生疏柔毛。近伞房状聚伞花序，顶生，疏散；花直径0.7~1厘米；萼片卵圆形，顶端急尖，副萼片椭圆形，顶端急尖或钝，比萼片短或近等长，外面被疏柔毛；花瓣黄色，倒卵形，顶端圆钝，比萼片稍长；心皮沿腹部有稀疏柔毛；

花柱侧生，棒形，基部较细，顶端缢缩，柱头扩大。瘦果表面光滑。花果期5~9月。

**分布与生境：** 生于地边、道旁、沙滩、山坡草地、黄土坡上、半干旱荒漠草原及疏林下，适生海拔800~3600米。大海陀保护区见于二里半保护站附近。

## 大萼委陵菜

（别名：白毛委陵菜、大头委陵菜）
*Potentilla conferta*

### 蔷薇科　委陵菜属

**形态特征：** 多年生草本。基生叶为羽状复叶，有小叶 3~6 对，叶柄被短柔毛及开展白色绢状长柔毛；小叶片对生或互生，披针形或长椭圆形，边缘羽状中裂或深裂。聚伞花序多花至少花，花直径 1.2~1.5 厘米；萼片三角卵形或椭圆卵形，先端急尖或渐尖，花瓣黄色，倒卵形，顶端圆钝或微凹，比萼片稍长。瘦果卵形或半球形，直径约 1 毫米，具皱纹，稀不明显。花期 6~9 月。

**分布与生境：** 生于耕地边、山坡草地、沟谷、草甸及灌丛中。大海陀保护区见于大海陀村附近。

## 绢毛匍匐委陵菜

*Potentilla reptans* var. *sericophylla*

### 蔷薇科　委陵菜属

**形态特征：** 多年生匍匐草本。叶为三出掌状复叶，边缘两个小叶浅裂至深裂，有时混生有不裂者，小叶下面及叶柄伏生绢状柔毛，稀脱落被稀疏柔毛。花瓣黄色，宽倒卵形，顶端显著下凹，比萼片稍长。花果期 4~9 月。

**分布与生境：** 生于山坡草地、渠旁、溪边灌丛中及林缘，适生海拔 300~3500 米。大海陀保护区见于大海陀村附近。

## 银露梅
*Potentilla glabra*

蔷薇科　委陵菜属

**形态特征：** 灌木，高 0.3~2 米，稀达 3 米，树皮纵向剥落。叶为羽状复叶，有小叶 2 对，稀 3 小叶，上面一对小叶基部下延与轴汇合，叶柄被疏柔毛；小叶片椭圆形、倒卵状椭圆形或卵状椭圆形，长 0.5~1.2 厘米，宽 0.4~0.8 厘米，顶端圆钝或急尖，基部楔形或近圆形，边缘平坦或微向下反卷，全缘。顶生单花或数朵，花瓣白色，倒卵形，顶端圆钝。瘦果表面被毛。花果期 6~11 月。

**分布与生境：** 生于山坡草地、河谷岩石缝中、灌丛及林中，适生海拔 1400~4200 米。大海陀保护区见于山顶草甸附近。

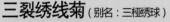

## 三裂绣线菊（别名：三桠绣球）
*Spiraea trilobata*

蔷薇科　绣线菊属

**形态特征：** 灌木，高 1~1.5 米。小枝细瘦，开展，叶片近圆形。伞形花序具花 15~30 朵；苞片线形或倒披针形，萼筒钟状，花瓣宽倒卵形。蓇葖果开张，花柱顶生稍倾斜，具直立萼片，宿存。花期 5~6 月，果期 7~8 月。

**分布与生境：** 生于低山向阳坡地或灌丛中，极为常见。大海陀保护区山区广布。

两侧有凹痕。花期5月，果期7~9月。

分布与生境：生于海拔200~2500米的干燥岩石坡地、向阳或半阴处、杂木林内。大海陀保护区见于石头堡村附近。

8~9月。

分布与生境：生于山谷阴处、山坡林间或密林下、白桦林缘或草甸中，适生海拔1250~2500米。大海陀保护区见于石头堡村附近。

## 土庄绣线菊
*Crataegus kansuensis*

蔷薇科　绣线菊属

形态特征：灌木或乔木，高2.5~8米。枝刺多，锥形，长7~15毫米。叶片宽卵形，长4~6厘米，宽3~4厘米，先端急尖，基部截形或宽楔形，边缘有尖锐重锯齿和5~7对不规则羽状浅裂片，裂片三角卵形。伞房花序，直径3~4厘米，具花8~18朵；总花梗和花梗均无毛；花直径8~10毫米；白色。果实近球形，直径8~10毫米，红色或橘黄色，萼片宿存；果梗细，长1.5~2厘米；小核2~3，内面

## 华北复盆子
*Rubus idaeus* var. *borealisinensis*

蔷薇科　悬钩子属

形态特征：灌木。小叶3~7枚，花枝上有时具3小叶，不孕枝上常5~7小叶，长卵形或椭圆形，顶生小叶常卵形，有时浅裂，长3~8厘米，宽1.5~4.5厘米，顶端短渐尖，基部圆形，顶生小叶基部近心形，上面无毛或疏生柔毛，下面密被灰白色绒毛，边缘有不规则粗锯齿或重锯齿。花生于侧枝顶端呈短总状花序或少花腋生，花瓣匙形，被短柔毛或无毛，白色，基部有宽爪。果实近球形，直径1~1.4厘米，红色或橙黄色，密被短绒毛。花期5~6月，果期

植物篇

## 牛叠肚（别名：山楂叶悬钩子）
*Rubus crataegifolius*

**蔷薇科　悬钩子属**

**形态特征：**直立灌木。单叶，卵形至长卵形，裂片卵形或长圆状卵形。花数朵簇生或成短总状花序，常顶生。果实近球形，浆果，暗红色。

**分布与生境：**分布于安徽、黑龙江、辽宁、吉林、河北、河南、山西、山东等地。大海陀保护区见于大东沟。

## 石生悬钩子
*Rubus saxatilis*

**蔷薇科　悬钩子属**

**形态特征：**草本。复叶常具3小叶，或稀单叶分裂，小叶片卵状菱形至长圆状菱形，顶生小叶长5~7厘米，稍长于侧生小叶，顶端急尖，基部近楔形，侧生小叶基部偏斜，两面有柔毛，下面沿叶脉毛较多，边缘常具粗重锯齿，稀为缺刻状锯齿，侧生小叶有时2裂。花常2~10朵成束或成伞房状花序；花瓣小，匙形或长圆形，白色，直立。花期6~7月，果期7~8月。

**分布与生境：**生于石砾地，灌丛或针阔叶混交林下，海拔达3000米。大海陀保护区见于大东沟。

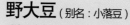

## 野大豆（别名：小落豆）
### *Glycine soja*

豆科　大豆属

**形态特征：** 一年生草本。茎纤细，缠绕，疏生褐色伏毛。三出羽状复叶，托叶卵状披针形，小托叶线状披针形，均有毛。小叶卵状披针形，两面有毛。总状花序。荚果，窄长圆形或镰刀状。

**分布与生境：** 生于海拔 150~2650 米潮湿的田边、园边、沟旁、河岸、湖边、沼泽、草甸、沿海和岛屿向阳的矮灌木丛或芦苇丛中。大海陀保护区见于龙潭沟。

植物篇

## 多花胡枝子
### *Lespedeza floribunda*

豆科　胡枝子属

**形态特征：** 亚灌木。枝条细弱，常斜生，有柔毛。三出羽状复叶，先端稍凹，基部宽楔形，上面无毛，下面有柔毛。顶生小叶比侧生小叶大。花冠紫色、紫红色或蓝紫色，旗瓣椭圆形，长 8 毫米，先端圆形，基部有柄，翼瓣稍短，龙骨瓣长于旗瓣，钝头。花期 6~9 月，果期 9~10 月。

**分布与生境：** 生于海拔 1300 米以下的石质山坡。大海陀保护区见于三间房村附近。

## 兴安胡枝子（别名：达呼里胡枝子）
*Lespedeza daurica*

### 豆科　胡枝子属

**形态特征：** 草本状灌木。茎直立，斜生或平卧，有短柔毛。三出羽状复叶，顶生小叶披针状长圆形；叶柄短，托叶钻形。总状花序，腋生，比叶短；无瓣花簇生于下部叶腋；花冠黄绿色，有时基部带紫色。

**分布与生境：** 生干山坡、草地、路旁及沙质地上。大海陀保护区见于石头堡村附近。

## 胡枝子
*Lespedeza bicolor*

### 豆科　胡枝子属

**形态特征：** 直立灌木，高1~3米。羽状复叶具3小叶；小叶质薄，卵形、倒卵形或卵状长圆形，长1.5~6厘米，宽1~3.5厘米，先端钝圆或微凹，稀稍尖，具短刺尖，基部近圆形或宽楔形。总状花序腋生，比叶长，花冠红紫色，极稀白色，长约10毫米，旗瓣倒卵形，先端微凹，翼瓣较短，近长圆形，基部具耳和瓣柄，龙骨瓣与旗瓣近等长，先端钝，基部具较长的瓣柄；子房被毛。荚果斜倒卵形，稍扁，长约10毫米，宽约5毫米。花期7~9月，果期9~10月。

**分布与生境：** 生于海拔150~1000米的山坡、林缘、路旁、灌丛及杂木林间。大海陀保护区广布。

## 苦参
*Sophora flavescens*

### 豆科　槐属

**形态特征** 亚灌木或多年生草本。枝绿色、暗绿色或灰褐色，密生黄色细毛；老枝上常无毛。奇数羽状复叶，小叶线状披针形或窄卵形，先端渐尖，下面有伏柔毛。总状花序顶生，花黄白色。

**分布与生境：** 生于山坡、山谷、路旁或沙地草丛中。大海陀保护区见于二里半保护站附近。

## 糙叶黄耆
*Astragalus scaberrimus*

### 豆科　黄耆属

**形态特征：** 多年生草本，密被白色伏贴毛。根状茎短缩，多分枝，木质化；地上茎不明显或极短，有时伸长而匍匐。羽状复叶有7~15片小叶。总状花序生3~5花，排列紧密或稍稀疏。荚果披针状长圆形，微弯，具短喙，背缝线凹入，革质，密被白色伏贴毛。花期4~8月，果期5~9月。

**分布与生境：** 生于山坡石砾质草地、草原、沙丘及沿河流两岸的砂地。大海陀保护区见于石头堡村附近。

# 草木樨状黄耆
*Astragalus melilotoides*

## 豆科 黄耆属

**形态特征：** 多年生草本。茎直立或斜生，多分枝，具条棱，被白色短柔毛或近无毛。羽状复叶有5~7片小叶，叶柄与叶轴近等长；托叶离生，三角形或披针形；小叶长圆状楔形或线状长圆形，先端截形或微凹，基部渐狭，具极短的柄。总状花序生多数花，稀疏；花冠白色或带粉红色，旗瓣近圆形或宽椭圆形，先端微凹。荚果宽倒卵状球形或椭圆形，先端微凹，具短喙，有横纹；种子4~5颗，肾形，暗褐色。花期7~8月，果期8~9月。

**分布与生境：** 生于向阳山坡、路旁草地或草甸草地。大海陀保护区见于石头堡村附近。

# 长萼鸡眼草（别名：鸡眼草）
*Kummerowia stipulacea*

## 豆科 鸡眼草属

**形态特征：** 一年生草本。茎匍匐，斜生或直立，分枝多而密，有向上的硬毛，在幼枝和节上更多。三出掌状复叶，小叶倒卵形或椭圆形，先端梢凹或截形，基部楔形，全缘。

**分布与生境：** 生于海拔100~1200米的路旁、草地、山坡、固定或半固定沙丘等处。大海陀保护区见于石头堡村附近。

## 硬毛棘豆
*Oxytropis fetissovii*

### 豆科　棘豆属

**形态特征：** 多年生草本，高 7~10 厘米。茎缩短，密被枯萎叶柄和托叶，轮生羽状复叶长 4~7 厘米；托叶膜质，于基部与叶柄贴生，于中部彼此合生；小叶 8~12 轮，每轮 3~4 片，长圆状披针形，长 5~10 毫米，宽 1~2 毫米，先端尖，边缘内卷，两面疏被白色长硬毛。总状花序；花冠红紫色，旗瓣长 22~26 毫米，瓣片卵形，先端圆，翼瓣长 17~19 毫米，上部扩展，先端斜截形，微凹，背部突起，龙骨瓣长 16~18 毫米，喙长 2.5~3 毫米。荚果革质，长圆形，长 18~22 毫米，宽 5~6 毫米。花果期 5~6 月。

**分布与生境：** 生于石质山坡。大海陀保护区见于山顶草甸附近。

## 红花锦鸡儿
*Caragana rosea*

### 豆科　锦鸡儿属

**形态特征：** 灌木，高 0.4~1 米。树皮绿褐色或灰褐色，小枝细长，具条棱，托叶在长枝者成细针刺，长 3~4 毫米，短枝者脱落；脱落或宿存成针刺；叶假掌状；小叶 4，楔状倒卵形，先端圆钝或微凹，具刺尖，基部楔形，近革质，上面深绿色，下面淡绿色，无毛，

有时小叶边缘、小叶柄、小叶下面沿脉被疏柔毛。

**分布与生境：** 生于山坡及沟谷。大海陀保护区见于石头堡村附近。

## 小叶锦鸡儿
*Caragana microphylla*

豆科　锦鸡儿属

**形态特征：**灌木，株高 50～100 厘米。树皮灰黄色或黄白色。嫩枝有毛，羽状复叶，小叶倒卵形或倒卵状长圆形，长 3～10 毫米，宽 2～8 毫米，先端圆或钝，很少凹入，具短刺尖。花单生，黄色花冠。

**分布与生境：**生于固定、半固定沙地。大海陀保护区见于石头堡村附近。

## 北京锦鸡儿
*Caragana pekinensis*

豆科　锦鸡儿属

**形态特征：**灌木。老枝皮褐色或黑褐色，幼枝密被短绒毛。羽状复叶有 6～8 对小叶；托叶宿存，硬化成针刺，长达 12 毫米，灰褐色，基部扁；叶轴长 2～6 厘米，脱落，密被绒毛；小叶椭圆形或倒卵状椭圆形，长 5～12 毫米，宽 5～7 毫米，先端钝或圆，具刺尖，两面密被灰白色伏贴短柔毛。花萼管状钟形，长 7～8 毫米，宽 4～5 毫米，基部无囊状凸起，被柔毛，萼齿宽三角形，长约 2 毫米；花冠黄色，长约 25 毫米，旗瓣宽卵形或宽椭圆形，翼瓣较旗瓣稍长，瓣柄长约为瓣片的 2/3，耳长约 3 毫米，龙骨瓣较翼瓣稍短，瓣柄比瓣片长，耳不明显；子房被绢毛。荚果扁，长 4～6

厘米，宽约 4 毫米，后期密被柔毛。花期 5 月，果期 7 月。

**分布与生境：**生于低山山坡或黄土丘陵。大海陀保护区见于石头堡村附近。

## 三籽两型豆（别名：阴阳豆）
### Amphicarpaea edgeworthii

豆科　两型豆属

**形态特征：** 一年生缠绕藤本。茎纤细，分枝多，全株长柔毛。三出羽状复叶，托叶披针形或卵状披针形。花分两种类型：一是由地上茎生出腋生总状花序；二是花生于茎下部叶腋或分枝基部，无花冠或只有花冠遗迹。荚果，扁平，沿两缝有毛。花期7~8月，果期8~9月。

**分布与生境：** 生于林缘、疏林下、山坡、湿草地及灌丛中。大海陀保护区广布。

## 米口袋
### Gueldenstaedtia multiflora

豆科　米口袋属

**形态特征：** 多年生草本。主根圆锥状。分茎极缩短，叶及总花梗于分茎上丛生。托叶宿存，下面的阔三角形，上面的狭三角形，基部合生，外面密被白色长柔毛；早生叶被长柔毛，后生叶毛稀疏，甚几至无毛；叶柄具沟；椭圆形到长圆形，卵形到长卵形，有时披针形，先端具细尖、急尖、钝、微缺或下凹成弧形。

**分布与生境：** 生于海拔1300米以下的山坡、路旁、田边等。大海陀保护区见于石头堡村附近。

## 花木蓝（别名：吉氏木蓝）
### *Indigofera kirilowii*

豆科 木蓝属

**形态特征：**小灌木，株高 30～100 厘米。嫩枝条有棱，有丁字毛和柔毛。奇数羽状复叶，小叶宽卵形、菱形或椭圆形。花冠粉红色，无毛。荚果，圆柱形。

**分布与生境：**生于山坡灌丛及疏林内或岩缝中。大海陀保护区山区广布。

## 天蓝苜蓿
### *Medicago lupulina*

豆科 苜蓿属

**形态特征：**一二年生或多年生草本。羽状三出复叶；托叶卵状披针形，长可达 1 厘米，先端渐尖，基部圆或戟状，常齿裂，小叶倒卵形、阔倒卵形或倒心形，长 5～20 毫米，宽 4～16 毫米，纸质，先端多少截平或微凹，具细尖，基部楔形，边缘在上半部具不明显尖齿。花序小头状，具花 10～20 朵；花冠黄色，旗瓣近圆形，顶端微凹，冀瓣和龙骨瓣近等长，均比旗瓣短。荚果肾形，长 3 毫米，宽 2 毫米。花期 7～9 月，果期 8～10 月。

**分布与生境：**常见于河岸、路边、田野及林缘。大海陀保护区见于石头堡村附近。

## 花苜蓿（别名：扁豆子、扁蓿豆、野苜蓿）
*Medicago ruthenica*

### 豆科　苜蓿属

**形态特征：**多年生草本，高60~110厘米。茎斜升、近平卧或直立，多分枝。三出复叶，小叶倒卵形或倒卵状楔形，先端圆形或截形，微缺，基部楔形，边缘有锯齿。总状花序，具花3~8朵，花小，花萼钟状，花冠蝶形，黄色，具紫纹。荚果扁平，长圆形，长7~10毫米，有种子2~4粒。

**分布与生境：**生于草原、砂地、河岸及砂砾质土壤的山坡旷野。大海陀保护区见于二里半保护站附近。

## 大山黧豆（别名：茳芒决明、茳芒香豌豆）
*Lathyrus davidii*

### 豆科　山黧豆属

**形态特征：**多年生高大草本，茎近直立或斜生，多分枝。偶数羽状复叶，上部叶轴末端的卷须分枝，下部的卷须不分枝。托叶半箭头状。小叶卵圆或椭圆形。两面无毛，下面苍白色。花深黄色，长1.5~2厘米，旗瓣长1.6~1.8厘米，瓣片扁圆形，瓣柄狭倒卵形，与瓣片等长，翼瓣与旗瓣瓣片等长，具耳及线形长瓣柄，龙骨瓣约与翼瓣等长，瓣片卵形，先端渐尖，基部具耳及线形瓣柄。荚果线形，长8~15厘米，宽5~6毫米，具长网纹。

**分布与生境：**生于山坡、林缘、灌丛等海拔1800米以下地区。大海陀保护区见于石头堡村附近。

## 歪头菜
*Vicia unijuga*

豆科　野豌豆属

**形态特征：** 多年生草本。茎直立或斜生，多丛生，有细棱，具柔毛。偶数羽状复叶，小叶1对，菱卵形、椭圆形或卵状披针形；侧脉到达叶缘，在末端联合；叶轴末端为细刺尖头。花冠蓝色或蓝紫色。

**分布与生境：** 生于低海拔至4000米山地、林缘、草地、沟边及灌丛。大海陀保护区山区常见。

## 粗根老鹳草
*Geranium dahuricum*

牻牛儿苗科　老鹳草属

**形态特征：** 多年生草本。茎多数，直立，具棱槽，假二叉状分枝，被疏短伏毛或下部近无毛，亦有时全茎被长柔毛或基部具腺毛，叶基生和茎上对生；托叶披针形或卵形，先端长渐尖，外被疏柔毛；基生叶和茎下部叶具长柄，叶片七角状肾圆形，掌状7深裂近基部，裂片羽状深裂，小裂片披针状条形、全缘，表面被短伏毛，背面被疏柔毛，沿脉被毛较密或仅沿脉被毛。

**分布与生境：** 生于海拔3500米以下的山地草甸或亚高山草甸。大海陀保护区见于石头堡村附近。

脉被毛较密；上部叶片具短柄，3~5裂。

分布与生境：生于林缘、疏灌丛、河谷草甸或为杂草。大海陀保护区见于石头堡村附近。

## 鼠掌老鹳草
*Geranium sibiricum*

**牻牛儿苗科　老鹳草属**

形态特征：一年生或多年生草本，有时具不多的分枝。茎纤细，仰卧或近直立，多分枝，具棱槽，被倒向疏柔毛。叶对生；托叶披针形，棕褐色，先端渐尖，基部抱茎，外被倒向长柔毛；基生叶和茎下部叶具长柄，柄长为叶片的2~3倍；下部叶片肾状五角形，基部宽心形，掌状5深裂，裂片倒卵形、菱形或长椭圆形，中部以上齿状羽裂或齿状深缺刻，下部楔形，两面被疏伏毛，背面沿

## 毛蕊老鹳草
*Geranium platyanthum*

**牻牛儿苗科　老鹳草属**

形态特征：多年生草本，高30~80厘米。基生叶和茎下部叶具长柄，柄长为叶片的2~3倍，密被糙毛，向上叶柄渐短；叶片五角状肾圆形，长5~8厘米，宽8~15厘米，掌状5裂达叶片中部。花序通常为伞形聚伞花序，总花梗具2~4花；花瓣淡紫红色，宽倒卵形或近圆形，经常向上反折，长10~14毫米，宽8~10毫米，具深紫色脉纹。花期6~7月，果期8~9月。

分布与生境：生于山地林下、灌丛和草甸。大海陀保护区见于山顶草甸附近。

## 牻牛儿苗
*Erodium stephanianum*

### 牻牛儿苗科　牻牛儿苗属

**形态特征：** 多年生草本。茎多数，仰卧或蔓生，具节，被柔毛。叶对生；托叶三角状披针形，分离，被疏柔毛，边缘具缘毛；基生叶和茎下部叶具长柄，柄长为叶片的 1.5~2 倍，被开展的长柔毛和倒向短柔毛；叶片轮廓卵形或三角状卵形，基部心形，二回羽状深裂，小裂片卵状条形，全缘或具疏齿，表面被疏伏毛，背面被疏柔毛，沿脉被毛较密。

**分布与生境：** 分布于长江中下游以北的华北、东北、西北及四川西北和西藏。大海陀保护区分布于二里半保护站附近。

## 野亚麻
*Linum stelleroides*

### 亚麻科　亚麻属

**形态特征：** 一年生或二年生草本，高 20~90 厘米。茎直立，圆柱形，基部木质化，有凋落的叶痕点，不分枝或自中部以上多分枝，无毛。叶互生，线形、线状披针形或狭倒披针形，长 1~4 厘米，宽 1~4 毫米，顶部钝、锐尖或渐尖，基部渐狭，无柄，全缘，两面无毛，6 脉 3 基出。花瓣 5，倒卵形，长达 9 毫米，顶端啮蚀状，基部渐狭，淡红色、淡紫色或蓝紫色。

**分布与生境：** 生于海拔 630~2750 米的山坡、路旁和荒山地。大海陀保护区见于大海陀村附近。

## 蒺藜
### *Tribulus terrestris*

蒺藜科　蒺藜属

形态特征：一年生草本。茎平卧，无毛，被长柔毛或长硬毛，枝长20~60厘米，偶数羽状复叶，长1.5~5厘米；小叶对生，3~8对，矩圆形或斜短圆形，长5~10毫米，宽2~5毫米，先端锐尖或钝，基部稍偏科，被柔毛，全缘。花黄色；萼片5，宿存；花瓣5。果有分果瓣5，硬，长4~6毫米，无毛或被毛，

中部边缘有锐刺2枚，下部常有小锐刺2枚，其余部位常有小瘤体。花期5~8月，果期6~9月。

分布与生境：生于沙地、荒地、山坡、居民点附近。大海陀保护区广布。

## 白鲜
### *Dictamnus dasycarpus*

芸香科　白鲜属

形态特征：茎基部木质化的多年生宿根草本。茎直立，幼嫩部分密被长毛及水泡状凸起的油点。叶有小叶9~13片，小叶对生，无柄，位于顶端的一片则具长柄，椭圆至长圆形，长3~12厘米，宽1~5厘米，叶轴有甚狭窄的翼叶。总状花序长可达30厘米；花瓣白带淡紫红色或粉红带深紫红色脉纹，倒披针形，长2~2.5厘米，宽5~8毫米。成熟的果（蓇葖）沿腹缝线开裂为5个分果瓣，每分果瓣又深裂为2小瓣，瓣的顶角短尖。花期5月，果期8~9月。

分布与生境：生于丘陵土坡或平地灌木丛中或草地或疏林下，石灰岩山地亦常见。大海陀保护区见于石头堡村附近。

## 黄檗
*Phellodendron amurense*

### 芸香科　黄檗属

**形态特征：** 落叶乔木，树高 10～20 米，胸径 1 米。枝扩展，成年树的树皮有厚木栓层，浅灰或灰褐色，深沟状或不规则网状开裂，内皮薄，鲜黄色，味苦，黏质；小枝暗紫红色，无毛。有小叶 5～13 片，小叶薄纸质或纸质，卵状披针形或卵形，顶部长渐尖，基部阔楔形，一侧斜尖，或为圆形。花序顶生，花瓣紫绿色。果圆球形，径约 1 厘米，蓝黑色，通常有 5～8（～10）浅纵沟，干后较明显；种子通常 5 粒。花期 5～6 月，果期 9～10 月。

**分布与生境：** 多生于山地杂木林中或山区河谷沿岸。大海陀保护区见于龙潭沟。

## 臭椿
*Ailanthus altissima*

### 苦木科　臭椿属

**形态特征：** 落叶乔木，高可达 20 余米，树皮平滑而有直纹。嫩枝有髓，幼时被黄色或黄褐色柔毛，后脱落。叶为奇数羽状复叶，长 40～60 厘米，叶柄长 7～13 厘米，有小叶 13～27；小叶对生或近对生，纸质，卵状披针形，长 7～13 厘米，宽 2.5～4 厘米，先端长渐尖，基部偏斜，截形或稍圆，两侧各具 1

或 2 个粗锯齿，齿背有腺体 1 个，叶面深绿色，背面灰绿色，揉碎后具臭味。

**分布与生境：** 我国各地均有分布。在大海陀保护区常见栽培。

## 远志
*Polygala tenuifolia*

### 远志科　远志属

**形态特征：**多年生草本。单叶互生，叶片纸质，线形至线状披针形，长1~3厘米，宽0.5~1（~3）毫米，先端渐尖，基部楔形，全缘，反卷，无毛或极疏被微柔毛，主脉上面凹陷，背面隆起，侧脉不明显，近无柄。总状花序呈扁侧状生于小枝顶端，萼片5，宿存，无毛，外面3枚线状披针形，长约2.5毫米，急尖，里面2枚花瓣状，倒卵形或长圆形，长约5毫米，宽约2.5毫米；花瓣3，紫色，侧瓣斜长圆形，龙骨瓣较侧瓣长，具流苏状附属物。

**分布与生境：**生于草原、山坡草地、灌丛中以及杂木林下，海拔（200~）460~2300米。在大海陀保护区广布。

## 地锦草
*Euphorbia humifusa*

### 大戟科　大戟属

**形态特征：**一年生草本。茎匍匐，自基部以上多分枝，偶而先端斜向上伸展，基部常红色或淡红色，长达20（30）厘米，直径1~3毫米，被柔毛或疏柔毛。叶对生，矩圆形或椭圆形，长5~10毫米，宽3~6毫米，先端钝圆，基部偏斜，略渐狭，边缘常于中部以上具细锯齿；叶面绿色，叶背淡绿色，

有时淡红色，两面被疏柔毛；叶柄极短，长1~2毫米。

**分布与生境：**生于原野荒地、路旁、田间、沙丘、海滩、山坡等地。在大海陀保护区广布。

## 猫眼草 (别名：乳浆大戟)
*Euphorbia lunulata*

### 大戟科　大戟属

**形态特征：** 多年生草本。根圆柱状，长 20 厘米以上，直径 3~5(6) 毫米，常曲折，褐色或黑褐色。茎单生或丛生，单生时自基部多分枝，高 30~60 厘米，叶线形至卵形，变化极不稳定，长 2~7 厘米，宽 4~7 毫米，先端尖或钝尖，基部楔形至平截；无叶柄；不育枝叶常为松针状，长 2~3 厘米，直径约 1 毫米；无柄；总苞叶 3~5 枚，与茎生叶同形；伞幅 3~5，长 2~4(5) 厘米；苞叶 2 枚，常为肾形，少为卵形或三角状卵形，长 4~12 毫米，宽 4~10 毫米，先端渐尖或近圆，基部近平截。

**分布与生境：** 生于路旁、杂草丛、山坡、林下、河沟边、荒山、沙丘及草地。大海陀保护区见于大海陀村附近。

## 雀儿舌头
*Leptopus chinensis*

### 大戟科　雀儿舌头属

**形态特征：** 直立灌木，高达 3 米。茎上部和小枝条具棱；除枝条、叶片、叶柄和萼片均在幼时被疏短柔毛外，其余无毛。叶片膜质至薄纸质，卵形、近圆形、椭圆形或披针形，长 1~5 厘米，宽 0.4~2.5 厘米，顶端钝或急尖，基部圆或宽楔形，叶面深绿色，叶背浅绿色；侧脉每

边 4~6 条，在叶面扁平，在叶背微凸起；叶柄长 2~8 毫米；托叶小，卵状三角形，边缘被睫毛。

**分布与生境：** 生于海拔 500~1000 米的山地灌丛、林缘、路旁、岩崖或石缝中。在大海陀保护区山区广布。

## 铁苋菜
*Acalypha australis*

### 大戟科　铁苋菜属

**形态特征：**一年生草本，高 20～50 厘米。叶膜质，长卵形、近菱状卵形或阔披针形，长 3～9 厘米，宽 1～5 厘米，顶端短渐尖，基部楔形，稀圆钝，边缘具圆锯，上面无毛，下面沿中脉具柔毛；基出脉 3 条，侧脉 3 对；叶柄长 2～6 厘米，具短柔毛；托叶披针形，长 1.5～2 毫米，具短柔毛。雌雄花同序，花序腋生，稀顶生。

**分布与生境：**生于海拔 20～1200 (～1900) 米的空旷草地，有时见于石灰岩山疏林下。在大海陀保护区广布。

## 南蛇藤
*Celastrus orbiculatus*

### 卫矛科　南蛇藤属

**形态特征：**落叶藤状灌木。小枝光滑无毛，灰棕色或棕褐色，具稀而不明显的皮孔。叶通常阔倒卵形、近圆形或长方椭圆形，先端圆阔，具有小尖头或短渐尖，基部阔楔形到近钝圆形，边缘具锯齿，两面光滑无毛或叶背脉上具稀疏短柔毛，侧脉 3～5 对。聚伞花序腋生，间有顶生。蒴果近球状。

**分布与生境：**生于海拔 450～2200 米山坡灌丛。大海陀保护区见于龙潭沟。

## 卫矛
*Euonymus alatus*

### 卫矛科　卫矛属

**形态特征：**灌木。小枝常具 2~4 列宽阔木栓翅；冬芽圆形。叶卵状椭圆形、窄长椭圆形，偶为倒卵形，边缘具细锯齿，两面光滑无毛。聚伞花序 1~3 花；花白绿色，4 数；萼片半圆形；花瓣近圆形；雄蕊着生花盘边缘处，花丝极短，开花后稍增长。蒴果 1~4 深裂，裂瓣椭圆状；种子椭圆状或阔椭圆状，种皮褐色或浅棕色，假种皮橙红色，全包种子。

**分布与生境：**生长于山坡、沟地边沿。大海陀保护区见于石头堡村附近。

## 色木槭（别名：五角枫）
*Acer mono*

### 槭树科　槭属

**形态特征：**落叶乔木。叶纸质，基部截形或近于心脏形，叶片的外貌近于椭圆形，长6~8厘米，宽9~11厘米，常5裂，有时3裂及7裂；花多数；花瓣5，淡白色，椭圆形或椭圆倒卵形，长约3毫米。翅果嫩时紫绿色，成熟时淡黄色；小坚果压扁状，长1~1.3厘米，宽5~8毫米。花期5月，果期9月。

**分布与生境：**生于海拔 800~1500 米的山坡或山谷疏林中。大海陀保护区广布。

## 栾树
*Koelreuteria paniculta*

**无患子科　栾树属**

**形态特征：** 落叶乔木或灌木。树皮厚，灰褐色至灰黑色，老时纵裂；叶丛生于当年生枝上，平展，一回、不完全二回或偶有为二回羽状复叶；小叶纸质，卵形、阔卵形至卵状披针形。聚伞圆锥花序长25~40厘米，密被微柔毛，分枝长而广展，在末次分枝上的聚伞花序具花3~6朵，密集呈头状；蒴果圆锥形，具3棱。花期6~8月，果期9~10月。

**分布与生境：** 分布在我国大部分地区。大海陀保护区见于龙潭沟。

## 水金凤
*Impatiens noli-tangere*

**凤仙花科　凤仙花属**

**形态特征：** 一年生草本，高40~70厘米。茎较粗壮，肉质，直立，上部多分枝，无毛，下部节常膨大，有多数纤维状根。叶互生；叶片卵形或卵状椭圆形，边缘有粗圆齿，齿端具小尖，两面无毛，上面深绿色，下面灰绿色。总花梗长1~1.5厘米，具2~4花，排列成总状花序；花黄色。种子多数，长圆球形，长3~4毫米，褐色，光滑。花期7~9月。

**分布与生境：** 生于海拔900~2400米的山坡林下、林缘草地或沟边。大海陀保护区见于龙潭沟。

## 小叶鼠李
*Rhamnus parvifolia*

鼠李科　鼠李属

**形态特征**：灌木，高1.5~2米。小枝对生或近对生，紫褐色，初时被短柔毛，后变无毛，平滑，稍有光泽，枝端及分叉处有针刺。叶纸质，对生或近对生，稀兼互生，或在短枝上簇生，菱状倒卵形或菱状椭圆形，稀倒卵状圆形或近圆形，边缘具圆齿状细锯齿，上面深绿色。花单性，雌雄异株，黄绿色，有花瓣，通常数个簇生于短枝上。核果倒卵状球形，成熟时黑色。花期4~5月，果期6~9月。

**分布与生境**：常生于海拔1500米以下的山地、丘陵、山坡草丛、灌丛或疏林下。大海陀自然保护区广布。

## 鼠李
*Rhamnus davurica*

鼠李科　鼠李属

**形态特征**：灌木或小乔木。小枝对生或近对生，褐色或红褐色，稍平滑，枝顶端常有大的芽而不形成刺。叶纸质，对生或近对生，或在短枝上簇生，宽椭圆形或卵圆形，稀倒披针状椭圆形，长4~13厘米，宽2~6厘米，顶端突尖或短渐尖至渐尖，稀钝或圆形，基部楔形或近圆形，有时稀偏斜，边缘具圆齿状细锯齿，齿端常有红色腺体。花单性，雌雄异株，4基数，有花瓣。

核果球形，黑色，直径5~6毫米。花期5~6月，果期7~10月。

**分布与生境**：生于海拔1800米以下的山坡林下、灌丛或林缘和沟边阴湿处。大海陀保护区见于龙潭沟。

## 酸枣
*Ziziphus jujuba* var. *spinosa*

### 鼠李科　枣属

**形态特征：**落叶灌木或小乔木，高1~4米。小枝称"之"字形弯曲，紫褐色。酸枣树上的托叶刺有两种：一种直伸，长达3厘米；另一种常弯曲。叶互生，叶片椭圆形至卵状披针形，边缘有细锯齿，基部三出脉。花黄绿色，2~3朵簇生于叶腋。核果小，熟时红褐色，近球形或长圆形，味酸，核两端钝。花期6~7月，果期8~9月。

**分布与生境：**生于海拔1700米以下的山区、丘陵或平原。大海陀保护区见于胜海寺附近。

## 山葡萄
*Vitis amurensis*

### 葡萄科　葡萄属

**形态特征：**木质藤本。小枝圆柱形，无毛，嫩枝疏被蛛丝状绒毛。叶阔卵圆形，3浅裂，稀5浅裂或中裂，或不分裂，叶基部心形，基缺凹成圆形或钝角，边缘每侧有28~36个粗锯齿，齿端急尖，微不整齐。圆锥花序疏散，与叶对生，基部分枝发达。种子倒卵圆形，顶端微凹，基部有短喙，种脐在种子背面中部呈椭圆形，腹面中棱脊微突起，两侧洼穴狭窄呈条形，向上达种子中部或近顶端。花期5~6月，果期7~9月。

**分布与生境：**生于海拔200~2100米的山坡、沟谷林中或灌丛。大海陀保护区广布。

## 葎叶蛇葡萄
*Ampelopsis humulifolia*

**葡萄科 蛇葡萄属**

**形态特征:** 木质藤本。叶为单叶,3~5浅裂或中裂,稀混生不裂者,心状五角形或肾状五角形,基部心形,边缘有粗锯齿,通常齿尖,上面绿色,无毛。多歧聚伞花序与叶对生;花序梗长3~6厘米。果实近球形,长0.6~10厘米,有种子2~4颗;种子倒卵圆形,顶端近圆形,基部有短喙,顶部种脊突出,腹部中棱脊突出,两侧洼穴呈椭圆形,从下部向上斜展达种子上部1/3处。花期5~7月,果期5~9月。

**分布与生境:** 生于海拔400~1100米的山沟地边或灌丛林缘或林中。大海陀保护区山区广布。

## 乌头叶蛇葡萄
(别名:马葡萄、草白蔹、乌头叶白蔹、附子蛇葡萄)
*Ampelopsis aconitifolia*

**葡萄科 蛇葡萄属**

**形态特征:** 木质藤本。卷须2~3叉分枝,相隔2节间断与叶对生。叶为掌状5小叶,小叶3~5羽裂,披针形或菱状披针形,长4~9厘米,宽1.5~6厘米,顶端渐尖,基部楔形,中央小叶深裂。花序为疏散的伞房状复二歧聚伞花序,通常与叶对生或假顶生;花蕾卵圆形,高2~3毫米,顶端圆形;花瓣5,卵圆形。果实近球形,直径0.6~0.8

厘米。花期5~6月,果期8~9月。

**分布与生境:** 生于海拔600~1800米的沟边或山坡灌丛或草地。大海陀保护区见于大东沟。

## 蒙椴
*Tilia mongolica*

**椴树科　椴树属**

**形态特征：**乔木，高10米。树皮淡灰色，有不规则薄片状脱落。嫩枝无毛，顶芽卵形，无毛。叶阔卵形或圆形，长4~6厘米，宽3.5~5.5厘米，先端渐尖，常出现3裂，基部微心形或斜截形，上面无毛，下面仅脉腋内有毛丛，侧脉4~5对，边缘有粗锯齿，齿尖突出。聚伞花序长5~8厘米，有花6~12朵，花序柄无毛。果实倒卵形，长6~8毫米，被毛，有棱或有不明显的棱。花期7月。

**分布与生境：**生于山地阴坡。大海陀保护区见于石头堡村附近。

## 紫椴
*Tilia amurensis*

**椴树科　椴树属**

**形态特征：**乔木，高25米，直径达1米。树皮暗灰色，片状脱落。嫩枝初时有白丝毛，很快变秃净，顶芽无毛，有鳞苞3片。叶阔卵形或卵圆形，长4.5~6厘米，宽4~5.5厘米，先端急尖或渐尖，基部心形，有时斜截形，上面无毛，下面浅绿色，脉腋内有毛丛，侧脉4~5对，边缘有锯齿，齿尖突出1毫米。聚伞花序长3~5厘米，纤细，无毛，有花3~20朵；花柄长7~10毫米。果实卵圆形，

长5~8毫米，被星状茸毛，有棱或有不明显的棱。花期7月。

**分布与生境：**生于山地阴坡。大海陀保护区见于龙潭沟。

## 野葵
*Malva verticillata*

锦葵科 锦葵属

**形态特征:** 二年生草本,高 50~100 厘米。茎干被星状长柔毛。叶肾形或圆形,直径 5~11 厘米,通常为掌状 5~7 裂,裂片三角形,具钝尖头,边缘具钝齿。花 3 至多朵簇生于叶腋,具极短柄至近无柄,花冠淡白色至淡红色,花瓣 5,长 6~8 毫米,先端凹入,爪无毛或具少数细毛。花期 3~11 月。

**分布与生境:** 大海陀保护区见于石头堡村附近。

## 野西瓜苗
*Hibiscus trionum*

锦葵科 木槿属

**形态特征:** 一年生直立或平卧草本。茎柔软,被白色星状粗毛。叶二型,下部的叶圆形,不分裂,上部的叶掌状 3~5 深裂,中裂片较长,两侧裂片较短,裂片倒卵形至长圆形,通常羽状全裂。花单生于叶腋,花淡黄色,内面基部紫色,花瓣 5,倒卵形,外面疏被极细柔毛。蒴果长圆状球形,被粗硬毛,果皮薄,黑色;种子肾形,黑色,具腺状突起。花期 7~10 月。

**分布与生境:** 无论平原、山野、丘陵或田埂,处处有之,是常见的田间杂草。大海陀保护区见于二里半保护站附近。

## 苘麻
*Abutilon theophrasti*

**锦葵科 苘麻属**

**形态特征** 一年生亚灌木状草本，高达1~2米。茎枝被柔毛。叶互生，圆心形，长5~10厘米，先端长渐尖，基部心形，边缘具细圆锯齿，两面均密被星状柔毛。花单生于叶腋，花梗长1~13厘米，被柔毛，近顶端具节；花黄色，花瓣倒卵形，长约1厘米。蒴果半球形，直径约2厘米，长约1.2厘米，被粗毛，顶端具长芒2；种子肾形，褐色，被星状柔毛。花期7~8月。

**分布与生境：** 生长在路旁、荒地和田野间。大海陀保护区见于二里半保护站附近。

## 红旱莲
*Hypericum ascyron*

**藤黄科 金丝桃属**

**形态特征：** 多年生草本，高0.5~1.3米。茎直立或在基部上升，单一或数茎丛生，不分枝或上部具分枝，有时于叶腋抽出小枝条。叶无柄，叶片披针形、长圆状披针形、长圆状卵形至椭圆形或狭长圆形，先端渐尖、锐尖或钝形，基部楔形或心形而抱茎，全缘。花序具1~35花，顶生，近伞房状至狭圆锥状，后者包括多数分枝。蒴果为或宽或狭的卵珠形或卵珠状三角形，棕褐色，成熟后先端5裂，柱头常折落。花期7~8月，

果期8~9月。

**分布与生境：** 生于山坡林下、林缘、灌丛间、草丛或草甸中、溪旁及河岸湿地等处。大海陀保护区见于九骨咀附近。

## 赶山鞭

（别名：小茶叶、小金钟、小金丝桃、小金雀、
小旱莲、乌腺金丝桃）

*Hypericum attenuatum*

### 藤黄科　金丝桃属

**形态特征：** 多年生草本。茎数个丛
生，直立，圆柱形，常有2条纵线棱，
且全面散生黑色腺点。叶无柄；叶
片卵状长圆形或卵状披针形至长圆
状倒卵形，长(0.8~)1.5~2.5(~3.8)
厘米，宽(0.3~)0.5~1.2厘米，
先端圆钝或渐尖，基部渐狭或微心
形，略抱茎。花瓣淡黄色，长圆状
倒卵形，长1厘米，宽约0.4厘米，
先端钝形，表面及边缘有稀疏的黑
腺点，宿存。蒴果卵珠形或长圆状
卵珠形。花期7~8月，果期8~9月。

**分布与生境：** 生于田野、半湿草地、
草原、山坡草地、石砾地、草丛、
林内及林缘等处。大海陀保护区见
于石头堡村附近。

## 斑叶堇菜

*Viola variegata*

### 堇菜科　堇菜属

**形态特征：** 多年生草本，无地上茎。
叶均基生，呈莲座状，叶片圆形或
圆卵形。花红紫色或暗紫色，下部
通常色较淡，花梗长短不等，超出
于叶或较叶稍短，通常带紫红色，
有短毛或近无毛，在中部有2枚线
形的小苞片。蒴果椭圆形，无毛或
疏生短毛；幼果球形通常被短粗
毛。种子淡褐色，小形，附属物短。

花期4月下旬至8月，果期6~9月。

**分布与生境：** 生于山坡草地、林下、灌丛中或阴
处岩石缝隙中。大海陀保护区广布。

## 鸡腿堇菜
*Viola acuminata*

**堇菜科　堇菜属**

**形态特征：** 多年生草本，通常无基生叶。根状茎较粗，垂直或倾斜，密生多条淡褐色根。茎直立，通常2~4条丛生，高10~40厘米，无毛或上部被白色柔毛。叶片心形、卵状心形或卵形，两面密生褐色腺点，沿叶脉被疏柔毛。花淡紫色或近白色，具长梗；花梗细，被细柔毛，中部以上或在花附近具2枚线形小苞片。蒴果椭圆形，长约1厘米，无毛，通常有黄褐色腺点，先端渐尖。花果期5~9月。

**分布与生境：** 生于杂木林下、林缘、灌丛、山坡草地或溪谷湿地等处。大海陀保护区见于石头堡村附近。

## 阴地堇菜
*Viola yezoensis*

**堇菜科　堇菜属**

**形态特征：** 多年生草本，无地上茎，高达15厘米。叶均基生；叶片卵形或长卵形，长2~5厘米，宽3~4厘米，基部深心形，有时浅心形，边缘具浅锯齿。花白色，具长梗；花梗较粗。蒴果长圆状，长约1厘米。花期4~5月，果期5~6月。

**分布与生境：** 生于阔叶林下、山地灌丛间及山坡草地。大海陀保护区见于山顶草甸附近。

## 裂叶堇菜
*Viola dissecta*

**堇菜科　堇菜属**

**形态特征：** 多年生草本。无地上茎，植株高度变化大，花期高3~17厘米，果期高4~34厘米。基生叶叶片轮廓呈圆形、肾形或宽卵形，长1.2~9厘米，宽1.5~10厘米，通常掌状3全裂，稀5全裂，两侧裂片具短柄，常2深裂，中裂片3深裂，裂片线形、长圆形或狭卵状披针形，宽0.2~3厘米，边缘全缘或疏生不整齐缺刻状钝齿，亦或近羽状浅裂，最终裂片全缘。花较大，淡紫色至紫堇色。蒴果长圆形或椭圆形，长7~18毫米，先端尖，果皮坚硬，无毛。花期4~9月，果期5~10月。

**分布与生境：** 生于山坡草地、杂木林缘、灌丛下及田边、路旁等地。大海陀保护区见于石头堡村附近。

## 高山露珠草
*Circaea alpina*

**柳叶菜科　露珠草属**

**形态特征：** 多年生草本。根状茎顶端有块茎状加厚。叶形变异极大，自狭卵状菱形或椭圆形至近圆形。顶生总状花序长12(~17)厘米。果实棒状至倒卵状，基部平滑地渐狭向果梗，1室，具1种子，表面无纵沟，但果梗延伸部分有浅槽；成熟果实连果梗长3.5~7.8毫米；

花期6~8(~9)月，果期7~9月。

**分布与生境：** 生于潮湿处或苔藓覆盖的岩石及木头上，垂直分布自海平面至海拔2500米。大海陀保护区见于山顶草甸附近。

# 柳兰
*Epilobium angustifolium*

**柳叶菜科 柳叶菜属**

**形态特征：** 多年生粗壮草本，直立，丛生。叶螺旋状互生，稀近基部对生，无柄，茎下部的叶近膜质，披针状长圆形至倒卵形，长0.5~2厘米，常枯萎，褐色；中上部的叶近革质，线状披针形或狭披针形，长(3~)7~14(~19)厘米，宽(0.3~)0.7~1.3(~2.5)厘米，先端渐狭，基部钝圆或有时宽楔形，边缘近全缘或稀疏浅小齿，稍微反卷。花序总状，直立，长5~40厘米，无毛；萼片紫红色，长圆状披针形，长6~15毫米，宽1.5~2.5毫米，先端渐狭渐尖，被灰白柔毛；蒴果长4~8厘米，密被贴生的白灰色柔毛；果梗长0.5~1.9厘米。花期6~9月，果期8~10月。

**分布与生境：** 生于半开旷或开旷较湿润草坡灌丛、火烧迹地、高山草甸、河滩、砾石坡。大海陀保护区见于山顶草甸。

127

## 中华秋海棠
### Begonia grandis subsp. sinensis

**秋海棠科　秋海棠属**

**形态特征：** 中型草本。茎几无分枝，外形似金字塔形。叶较小，椭圆状卵形至三角状卵形，先端渐尖，下面色淡，偶带红色，基部心形，宽侧下延呈圆形。花序较短，呈伞房状至圆锥状二歧聚伞花序；花小，雄蕊多数，短于2毫米，整体呈球状；花柱基部合生或微合生，有分枝，柱头呈螺旋状扭曲，稀呈"U"字形。蒴果具3不等大之翅。

**分布与生境：** 生于山谷阴湿岩石上、滴水的石灰岩边、疏林阴处、荒坡阴湿处以及山坡林下，适生海拔300~2900米。大海陀保护区见于龙潭沟。

## 刺五加
### Acanthopanax senticosus

**五加科　五加属**

**形态特征：** 灌木。分枝多，一、二年生的通常密生刺，稀仅节上生刺或无刺，刺直而细长，针状，下向，基部不膨大，脱落后遗留圆形刺痕，叶有小叶5，稀3。伞形花序单个顶生，或2~6个组成稀疏的圆锥花序，花紫黄色。果实球形或卵球形，有5棱，黑色，

直径7~8毫米。花期6~7月，果期8~10月。

**分布与生境：** 生于森林或灌丛中，适生海拔数百米至2000米。大海陀保护区见于大海陀村附近。

## 北柴胡
*Bupleurum chinense*

伞形科　柴胡属

**形态特征：** 多年生草本，高 50~85 厘米。茎单一或数茎，上部多回分枝，微作"之"字形曲折。茎中部叶倒披针形或广线状披针形，长 4~12 厘米，宽 6~18 毫米，有时达 3 厘米，顶端渐尖或急尖，有短芒尖头，基部收缩成叶鞘抱茎，脉 7~9，叶表面鲜绿色，背面淡绿色，常有白霜。复伞形花序很多，形成疏松的圆锥状；小总苞片 5，披针形，长 3~3.5 毫米，宽 0.6~1 毫米，顶端尖锐，3 脉，向叶背凸出；花瓣鲜黄色，上部向内折，中肋隆起，小舌片矩圆形，顶端 2 浅裂。果广椭圆形，棕色，两侧略扁。花期 9 月，果期 10 月。

**分布与生境：** 生于海拔 560~1550 米的山坡草地。大海陀保护区见于石头堡村附近。

## 黑柴胡
*Bupleurum smithii*

伞形科 柴胡属

**形态特征：** 多年生草本，常丛生，高 25~60 厘米。叶多，质较厚，基部叶丛生，狭长圆形或长圆状披针形或倒披针形，长 10~20 厘米，宽 1~2 厘米，顶端钝或急尖，基部渐狭成叶柄；中部的茎生叶狭长圆形或倒披针形，下部较窄成短柄或无柄，顶端短渐尖，基部抱茎；小总苞片 6~9，卵形至阔卵形，很少披针形，顶端有小短尖头，长 6~10 毫米，宽 3~5 毫米，5~7 脉，黄绿色，长过小伞形花序半倍至一倍；小伞花序直径 1~2 厘米，花柄长 1.5~2.5 毫米；花瓣黄色，有时背面带淡紫红色。果棕色，卵形，长 3.5~4 毫米，宽 2~2.5 毫米。花期 7~8 月，果期 8~9 月。

**分布与生境：** 生于海拔 1400~3400 米的山坡草地、山谷、山顶阴处。大海陀保护区见于山顶草甸。

## 兴安白芷（别名：达乌里当归、走马芹）
### *Angelica dahurica*

伞形科　当归属

形态特征：多年生高大草本，高1~2.5米。根圆柱形，有分枝，径3~5厘米，外表皮黄褐色至褐色，有浓烈气味。茎基部径2~5厘米，有时可达7~8厘米，通常带紫色，中空，有纵长沟纹。基生叶一回羽状分裂，有长柄，叶柄下部有管状抱茎边缘膜质的叶鞘；茎上部叶二至三回羽状分裂，叶片轮廓为卵形至三角形。

分布与生境：多生于山谷、林下、沟边的草丛或灌丛中。大海陀保护区见于石头堡村附近。

## 短毛独活
### *Heracleum moellendorffii*

伞形科　独活属

形态特征：多年生草本。根圆锥形、粗大，多分歧，灰棕色。茎直立，有棱槽，上部开展分枝。叶有柄，长10~30厘米；叶片轮廓广卵形，薄膜质，三出式分裂，裂片广卵形至圆形、心形、不规则的3~5裂。复伞形花序顶生或侧生。分生果圆状倒卵形，顶端凹陷，背部扁平，有稀疏的柔毛或近光滑；胚乳腹面平直。花期7月，果期8~10月。

分布与生境：生长于阴坡山沟旁、林缘或草甸。大海陀保护区见于石头堡村附近。

## 藁本
*Ligusticum sinense*

伞形科 藁本属

**形态特征：** 多年生草本。根茎发达，具膨大的结节。茎直立，圆柱形，中空，具条纹，基生叶具长柄，茎中部叶较大，上部叶简化。复伞形花序顶生或侧生。分生果幼嫩时宽卵形，稍两侧扁压，成熟时长圆状卵形。花期8~9月，果期10月。

**分布与生境：** 生于海拔1000~2700米的林下、沟边草丛中。大海陀保护区见于石头堡村附近。

## 石防风
*Peucedanum terebinthaceum*

**伞形科　前胡属**

**形态特征:** 多年生草本，高30~120厘米。通常为单茎，直立，圆柱形，具纵条纹，基生叶有长柄，叶柄长8~20厘米；叶片轮廓为椭圆形至三角状卵形，长6~18厘米，宽5~15厘米，二回羽状全裂，第一回羽片3~5对，下部羽片具短柄，上部羽片无柄，末回裂片披针形或卵状披针形，茎生叶与基生叶同形，但较小，无叶柄。复伞形花序多分枝，花序直径3~10厘米，伞辐8~20，花瓣白色，具淡黄色中脉，倒心形。花期7~9月，果期9~10月。

**分布与生境:** 生长于山坡草地、林下及林缘。大海陀保护区见于山顶草甸附近。

伞辐6~14，不等长，长1.5~3厘米。基部凹入，背棱突出，尖锐，侧棱为薄翅状，与果体近等宽。花期7~9月，果期8~10月。

**分布与生境:** 生于山坡、草地、溪沟旁、林缘灌丛中。大海陀保护区见于大东沟。

## 大齿山芹
*Ostericum grosseserratum*

**伞形科　山芹属**

**形态特征:** 多年生草本。根细长，圆锥状或纺锤形，单一或稍有分枝。茎直立，圆管状，有浅纵沟纹，上部开展，叉状分枝。叶有柄，基部有狭长而膨大的鞘，边缘白色，透明；叶片轮廓为广三角形，薄膜质，二至三回三出式分裂，第一回和第二回裂片有短柄。复伞形花序直径2~10厘米，

## 蛇床
*Cnidium monnieri*

伞形科　蛇床属

形态特征：一年生草本。茎直立
或斜上，多分枝，中空，表面具
深条棱，粗糙。下部叶具短柄，
叶鞘短宽，边缘膜质，上部叶柄
全部鞘状；叶片轮廓卵形至三角
状卵形，长3~8厘米，宽2~5厘米，
二至三回三出式羽状全裂，羽片
轮廓卵形至卵状披针形，长1~3
厘米，宽0.5~1厘米，先端常略
呈尾状，末回裂片线形至线状披
针形。复伞形花序直径2~3厘米；
花瓣白色，先端具内折小舌片。
花期4~7月，果期6~10月。

分布与生境：生于田边、路旁、
草地及河边湿地。大海陀保护区
见于二里半保护站附近。

## 沙梾
*Swida bretschneideri*

山茱萸科　梾木属

形态特征：灌木或小乔木，高1~6
米。树皮紫红色。幼枝圆柱形，带
红色，老枝淡黄色，无毛。叶对生，
纸质，卵形、椭圆状卵形或长圆形，
长5~8.5厘米，宽2.5~6厘米，
侧脉5~6(~7)对，弓形内弯，脉
腋簇生白色柔毛，细脉不显明。伞
房状聚伞花序顶生，宽4.5~6厘
米，花小，白色，直径5.5~7毫米；
花萼裂片4，尖齿状或尖三角形，
花瓣4，舌状长卵形，长3~4毫米，

宽1.4~1.8毫米。花期6~7月，果期8~9月。

分布与生境：生于海拔1100~2300米的杂木林
内或灌丛中。大海陀保护区见于龙潭沟。

## 松下兰
*Monotropa hypopitys*

**鹿蹄草科　水晶兰属**

**形态特征：** 多年生草本，腐生，高 8~27 厘米，全株无叶绿素，白色或淡黄色，肉质。叶鳞片状，直立，互生，卵状长圆形或卵状披针形，长 1~1.5 厘米，宽 0.5~0.7 厘米，先端钝头，边缘近全缘，上部的常有不整齐的锯齿。总状花序有 3~8 花；花初下垂，后渐直立，花冠筒状钟形，长 1~1.5 厘米，直径 0.5~0.8 厘米；花瓣 4~5。长圆形或倒卵状长圆形，长 12~14 毫米，宽 4.5~6 毫米，先端钝，上部有不整齐的锯齿，早落。花期 6~7(~8) 月；果期 7~8 (~9) 月。

**分布与生境：** 生于海拔 1700~3650 米山地阔叶林或针阔叶混交林下。大海陀保护区见于大东沟。

## 鹿蹄草
*Pyrola calliantha*

**鹿蹄草科　鹿蹄草属**

**形态特征：** 常绿草本状小半灌木，高 (10~) 15~30 厘米。叶 4~7，基生，革质；椭圆形或圆卵形，稀近圆形，先端钝头或圆钝头，基部阔楔形或近圆形。花葶有 1~2(~4) 枚鳞片状叶，卵状披针形或披针形，长 7.5~8 毫米，宽 4~4.5 毫米，先端渐尖或短渐尖，基部稍抱花葶。总状花序长 12~16 厘米，有 9~13 花，密生，

花冠广开，较大，直径 1.5~2 厘米，白色，有时稍带淡红色。蒴果扁球形，高 5~5.5 毫米，直径 7.5~9 毫米。花期 6~8 月，果期 8~9 月。

**分布与生境：** 生于海拔 700~4100 米山地针叶林、针阔叶混交林或阔叶林下。大海陀保护区见于大东沟。

## 迎红杜鹃
*Rhododendron mucronatum*

**杜鹃花科　杜鹃花属**

**形态特征：** 落叶灌木，分枝多。幼枝细长，疏生鳞片。叶片质薄，椭圆形或椭圆状披针形，顶端锐尖、渐尖或钝，边缘全缘或有细圆齿，基部楔形或钝，褐色。花序腋生枝顶或假顶生，1~3 花，先叶开放，伞形着生；花冠宽漏斗状，淡红紫色，外面被短柔毛，无鳞片；雄蕊 10，不等长，稍短于花冠，花丝下部被短柔毛；子房 5 室，密被鳞片，花柱光滑，长于花冠。蒴果长圆形，先端 5瓣开裂。花期 4~6 月，果期 5~7 月。

**分布与生境：** 生于山地灌丛。大海陀保护区见于龙潭沟。

## 照山白
*Rhododendron micranthum*

**杜鹃花科　杜鹃花属**

**形态特征：** 常绿灌木。茎灰棕褐色；枝条细瘦。幼枝被鳞片及细柔毛。叶近革质，倒披针形、长圆状椭圆形至披针形，顶端钝，急尖或圆，具小突尖，基部狭楔形，上面深绿色，有光泽，常被疏鳞片，下面黄绿色，被淡或深棕色有宽边的鳞片。花冠钟状，外

面被鳞片，内面无毛，花裂片 5，较花管稍长。蒴果长圆形，长 (4~) 5~6 (~8) 毫米，被疏鳞片。花期 5~6 月，果期 8~11 月。

**分布与生境：** 生于海拔 1000~3000 米的山坡灌丛、山谷、峭壁及石岩上。大海陀保护区见于九骨咀附近。

## 虎尾草（别名：狼尾花）
*Lysimachia barystachys*

### 报春花科　珍珠菜属

**形态特征：** 多年生草本。具横走的根茎，全株密被卷曲柔毛。茎直立，高 30~100 厘米。叶互生或近对生，长圆状披针形、倒披针形以至线形，先端钝或锐尖，基部楔形，近于无柄。总状花序顶生，花密集，常转向一侧；苞片线状钻形，花梗长 4~6 毫米，通常稍短于苞片。蒴果球形，直径 2.5~4 毫米。花期 5~8 月，果期 8~10 月。

**分布与生境：** 生于草甸、山坡路旁灌丛间，垂直分布上限可达海拔 2000 米。大海陀保护区广布。

## 狭叶珍珠菜
*Lysimachia pentapetala*

### 报春花科　珍珠菜属

**形态特征：** 一年生草本，全体无毛。茎直立，圆柱形，多分枝，密被褐色无柄腺体。叶互生，狭披针形至线形，先端锐尖，基部楔形，上面绿色，下面粉绿色，有褐色腺点。总状花序顶生，初时因花密集而成圆头状，后渐伸长，苞片钻形，长 5~6 毫米；花冠白色，裂片匙形或倒披针形，先端圆钝；花粉粒具 3 孔沟，长球形表面具网状纹饰；子房无毛，花柱长约 2 毫米。蒴果球形，直

径 2~3 毫米。花期 7~8 月，果期 8~9 月。

**分布与生境：** 生于山坡荒地、路旁、田边和疏林下。大海陀保护区见于石头堡村附近。

## 北京假报春
*Cortusa matthioli*

**报春花科　报春花属**

---

**形态特征：**多年生草本。基生叶有4~16厘米长柄，密被淡棕色毛。花葶细长，20~35厘米，被疏长柔毛或腺毛，伞形花序，紫红色，花钟状。蒴果，椭圆形，表面有皱纹。花期6月，果期7~8月。

**分布与生境：**生于亚高山草甸及山地林下。大海陀保护区见于海陀峰附近。

## 七瓣莲
*Trientalis europaea*

**报春花科　七瓣莲属**

---

**形态特征：**多年生草本。茎直立，高5~25厘米。叶5~10枚聚生茎端呈轮生状，叶片披针形至倒卵状椭圆形，长2~7厘米，宽1~2.5厘米，先端锐尖或稍钝，基部楔形至阔楔形，具短柄或近于无柄，边缘全缘或具不明显的微细圆齿。花1~3朵，单生于茎端叶腋；花冠白色，比花萼约长1倍，裂片椭圆状披针形，先端锐尖或具骤尖头。蒴果直径2.5~3毫米，比宿存花萼短。花期5~6月，果期7月。

**分布与生境：**生于针叶林或混交林下。大海陀保护区见于山顶草甸附近。

# 二色补血草
*Limonium bicolor*

## 白花丹科 补血草属

**形态特征：** 多年生草本，高 20~50 厘米。叶基生，匙形至长圆状匙形，长 3~15 厘米，宽 0.5~3 厘米，先端通常圆或钝，基部渐狭成平扁的柄。花序圆锥状；花序轴单生，或 2~5 枚各由不同的叶丛中生出，通常有 3~4 棱角，有时具沟槽，偶可主轴圆柱状，往往自中部以上作数回分枝；穗状花序有柄至无柄，排列在花序分枝的上部至顶端，由 3~5（9）个小穗组成；小穗含 2~3(5) 花；花冠黄色。花期 5~7 月，果期 6~8 月。

**分布与生境：** 主要生于平原地区，也见于山坡下部、丘陵和海滨，喜生于含盐的钙质土上或砂地。大海陀保护区见于二里半保护站附近。

## 花曲柳 (别名：大叶白蜡树)
### *Fraxinus rhynchophylla*

**木犀科　梣属**

**形态特征：**落叶大乔木，高 12~15 米。羽状复叶长 15~35 厘米；叶轴上面具浅沟，小叶着生处具关节；小叶 5~7 枚，革质，阔卵形、倒卵形或卵状披针形，顶生小叶显著大于侧生小叶，下方 1 对最小。圆锥花序顶生或腋生当年生枝梢，雄花与两性花异株。翅果线形，长约 3.5 厘米，宽约 5 毫米。花期 4~5 月，果期 9~10 月。

**分布与生境：**多生长在海拔 1500 米以下的山坡、河岸、路旁。大海陀保护区见于大海陀村附近。

## 小叶梣 (别名：小叶白蜡)
### *Fraxinus bungeana*

**木犀科　梣属**

**形态特征：**落叶小乔木或灌木，高 2~5 米。羽状复叶长 5~15 厘米；小叶 5~7 枚，硬纸质，阔卵形，菱形至卵状披针形，顶生小叶与侧生小叶几等大。圆锥花序顶生或腋生枝梢，长 5~9 厘米；雄花花萼小，杯状，萼齿尖三角形，花冠白色至淡黄色。翅果匙状长圆形，长 2~3 厘米，宽 3~5 毫米。花期 5 月，果期 8~9 月。

**分布与生境：**多生长在海拔 1500 米以下较干燥向阳的砂质土壤或岩石缝隙中。大海陀保护区见于龙潭沟。

## 暴马丁香
*Syringa reticulata* var. *amurensis*

**木犀科　丁香属**

**形态特征：**为灌木或小乔木，高达 10 米，春末夏初花繁叶茂。叶片卵状披针形或卵形，全缘。圆锥花序大而稀疏，花序大型，长 20~25 厘米，密集压枝，花冠白色或黄白色，筒短，且芳香。蒴果矩圆形，平滑或有疣状突起。花期 5~6 月，果期 9 月。

**分布与生境：**生于山坡灌丛或林边、草地、沟边，或针阔叶混交林中，海拔 10~1200 米。大海陀保护区见于龙潭沟。

## 毛丁香
*Syringa tomentella*

**木犀科　丁香属**

**形态特征：**灌木。叶片卵状披针形、卵状椭圆形至椭圆状披针形，稀宽卵形或倒卵形，长 2.5~11 厘米，宽 1.5~5 厘米，先端锐尖至渐尖，基部楔形至近圆形。圆锥花序直立，花冠淡紫红色、粉红色或白色，稍呈漏斗状，长 1~1.7 厘米，花冠管长 0.8~1.4 厘米。果长圆状椭圆形，长 1.2~2 厘米。花期 6~7 月，果期 9 月。

**分布与生境：**生于山坡丛林、林下或林缘，或沟边、山谷灌丛中，适生海拔 2500~3500 米。大海陀保护区见于山顶草甸附近。

## 笔龙胆
*Gentiana zollingeri*

**龙胆科　龙胆属**

**形态特征：**一年生草本，高 3~6 厘米。茎直立，紫红色，光滑，从基部起分枝，稀不分枝。叶卵圆形或卵圆状匙形，长 10~13 毫米，宽 3~8 毫米，先端钝圆或圆形。花多数，单生于小枝顶端，小枝密集呈伞房状，稀单花顶生；花梗紫色，光滑，长 1~2.5 毫米，藏于上部叶中；花萼漏斗形。蒴果外露或内藏，倒卵状矩圆形，长 6~7 毫米，先端圆形，具宽翅，两侧边缘有狭翅，柄长至 10 毫米；种子褐色，椭圆形，长 0.3~0.4 毫米，表面具细网纹。花果期 4~6 月。

**分布与生境：**生于海拔 500~1650 米的草甸、灌丛或林下。大海陀保护区见于山顶草甸。

## 秦艽（别名：大叶龙胆）
*Gentiana macrophylla*

龙胆科　龙胆属

**形态特征：** 多年生草本，高 30～60 厘米，全株光滑无毛。莲座丛叶卵状椭圆形或狭椭圆形，长 6～28 厘米，宽 2.5～6 厘米，先端钝或急尖，基部渐狭，边缘平滑，叶脉 5～7 条。花多数，花萼筒膜质，黄绿色或有时带紫色，一侧开裂呈佛焰苞状，先端截形或圆形，花冠筒部黄绿色，冠檐蓝色或蓝紫色，壶形，长 1.8～2 厘米。蒴果内藏或先端外露，卵状椭圆形，长 15～17 毫米。花果期 7～10 月。

**分布与生境：** 生于河滩、路旁、水沟边、山坡草地、草甸、林下及林缘，适生海拔 400～2400 米。大海陀保护区见于山顶草甸。

## 萝藦
*Metaplexis japonica*

萝藦科　萝藦属

**形态特征：** 多年生草质藤本，具乳汁。茎圆柱状。卵状心形，顶端短渐尖，基部心形，叶耳圆，两叶耳展开或紧接，叶面绿色，叶背粉绿色，侧脉每边 10～12 条，在叶背略明显。总状式聚伞花序腋生或腋外生，具长总花梗；被短柔毛。蓇葖叉生，纺锤形，平滑无毛；种子扁平，卵圆形。花期 7～8 月，果期 9～12 月。

**分布与生境：** 多生长在林边荒地、山脚、河边、路旁灌木丛中。分布于东北、华北、华东地区及甘肃、陕西、贵州、河南和湖北等地。大海陀保护区见于二里半保护站附近。

## 地梢瓜
*Cynanchum thesioides*

萝藦科　鹅绒藤属

**形态特征：** 直立半灌木。地下茎单轴横生。茎自基部多分枝。叶对生或近对生，线形，长 3～5 厘米，宽 2～5 毫米，叶背中脉隆起。伞形聚伞花序腋生；花萼外面被柔毛；副花冠杯状，裂片三角状披针形，渐尖，高过药隔的膜片。蓇葖纺锤形，先端渐尖，中部膨大；种子扁平，暗褐色；种毛白色绢质。花期 5～8 月，果期 8～10 月。

**分布与生境：** 多生长在海拔 200～

2000 米的山坡、沙丘或干旱山谷、荒地、田边等处。大海陀保护区见于二里半保护站附近。

## 白首乌
*Cynanchum bungei*

**萝摩科　鹅绒藤属**

**形态特征：** 攀缘性半灌木。块根粗壮。茎纤细而韧，被微毛。叶对生，戟形，顶端渐尖，基部心形，两面被粗硬毛，以叶面较密，侧脉约6对。伞形聚伞花序腋生，比叶为短；花萼裂片披针形，基部内面腺体通常没有或少数；花冠白色，裂片长圆形。蓇葖单生或双生，披针形，无毛，向端部渐尖；种子卵形。花期6~7月，果期7~10月。

**分布与生境：** 多生长在海拔1500米以下的山坡、山谷或河坝、路边的灌木丛中或岩石隙缝中。大海陀保护区见于二里半保护站附近。

植物篇

## 白薇

（别名：白龙须、白马薇、白马尾、白幕、半拉瓢、翅果白）

*Cynanchum atratum*

### 萝藦科　鹅绒藤属

**形态特征：** 直立多年生草本。根须状，有香气。叶卵形或卵状长圆形，顶端渐尖或急尖，基部圆形，两面均被有白色绒毛，特别以叶背及脉上为密。伞形状聚伞花序，无总花梗，生在茎的四周，花深紫色，花萼外面有绒毛，花冠辐状，外面有短柔毛，并具缘毛；裂片盾状，圆形，与合蕊柱等长，花药顶端具 1 个圆形的膜片；柱头扁平。蓇葖单生，向端部渐尖，基部钝形，中间膨大；

种子扁平，种毛白色。花期 4~8 月，果期 6~8 月。

**分布与生境：** 生长于海拔 100~1800 米的河边、干荒地及草丛中，山沟、林下草地常见。大海陀保护区见于石头堡村附近。

## 牛皮消

*Cynanchum auriculatum*

### 萝藦科　鹅绒藤属

**形态特征：** 蔓性半灌木。茎圆形，被微柔毛。叶对生，膜质，被微毛，宽卵形至卵状长圆形，顶端短渐尖，基部心形。聚伞花序伞房状，着花 30 朵；花冠白色，辐状，内面具疏柔毛。蓇葖双生，披针形，长 8 厘米，直径 1 厘米；种子卵状椭圆形，种毛白色绢质。花期 6~9 月，果期 7~11 月。

**分布与生境：** 多生长在低海拔的沿海地区直到海拔 3500 米高的山坡林缘及路旁灌木丛中或河流、水沟边潮湿地。大海陀保护区见于石头堡村附近。

## 杠柳
*Periploca sepium*

### 萝藦科　杠柳属

**形态特征：**落叶蔓性灌木，长可达1.5米。主根圆柱状，外皮灰棕色，内皮浅黄色。具乳汁，除花外，全株无毛；小枝通常对生，有细条纹，具皮孔。叶卵状长圆形，顶端渐尖，基部楔形，叶面深绿色，叶背淡绿色；中脉在叶面扁平，在叶背微凸起，侧脉纤细，两面扁平。聚伞花序腋生，着花数朵。蓇葖2，圆柱状，无毛，具有纵条纹，种子长圆形。花期5~6月，果期7~9月。

**分布与生境：**多生长在平原及低山丘的林缘、沟坡、河边沙质地或地埂等处。大海陀保护区见于龙潭沟。

## 打碗花
*Calystegia hederacea*

### 旋花科　打碗花属

**形态特征：**一年生草本；全体不被毛，植株通常矮小，高8~30（~40）厘米，常自基部分枝；具细长白色的根。茎细，平卧，有细棱。基部叶片长圆形，顶端圆，基部戟形，上部叶片3裂，中裂片长圆形或长圆状披针形，侧裂片近三角形，全缘或2~3裂，叶片基部心形或戟形。花腋生，1朵，花梗长于叶柄，有细棱。种子黑褐色。

**分布与生境：**多生长在平原至高海拔的农田、荒地、路旁。大海陀保护区见于大南沟附近。

## 金灯藤 （别名：日本菟丝子）
### *Cuscuta japonica*

旋花科　菟丝子属

**形态特征：** 一年生寄生缠绕草本。茎较粗壮，直径1~2毫米，无毛，多分枝，无叶。花无柄或几无柄，形成穗状花序，长达3厘米，基部常多分枝；苞片及小苞片鳞片状，卵圆形，长约2毫米，顶端尖，全缘，沿背部增厚；花萼碗状，花冠钟状，淡红色或绿白色。蒴果卵圆形，近基部周裂。种子1~2个，光滑，褐色。花期8月，果期9月。

**分布与生境：** 寄生于草本或灌木上。大海陀保护区见于胜海寺附近。

## 菟丝子
### *Cuscuta chinensis*

旋花科　菟丝子属

**形态特征：** 一年生寄生草本。茎缠绕，直径约1毫米，无叶。花序侧生，少花或多花簇生成小伞形或小团伞花序，近于无总花序梗；苞片及小苞片小，鳞片状；花梗稍粗壮；花萼杯状；花冠壶形，裂片三角状卵形，顶端锐尖或钝，向外反折，宿存。果球形；种子淡褐色，卵形，表面粗糙。

**分布与生境：** 多生长在海拔200~3000米的田边、山坡阳处、路边灌丛或海边沙丘，通常寄生于豆科、菊科、藜科等多种植物上。大海陀保护区见于二里半保护站附近。

## 北鱼黄草
*Merremia sibirica*

### 旋花科　鱼黄草属

形态特征：缠绕草本，植株各部分近于无毛。茎圆柱状，具细棱。叶卵状心形，顶端长渐尖或尾状渐尖，基部心形，全缘或稍波状，近于平行射出，近边缘弧曲向上；基部具小耳状假托叶。聚伞花序腋生，明显具棱或狭翅；苞片小，线形。蒴果近球形，顶端圆，无毛，4瓣裂；种子4或较少，黑色，椭圆状三棱形。

分布与生境：多生长在海拔600~2800米的路边、田边、山地草丛或山坡灌丛。大海陀保护区见于大东沟。

## 花荵
*Polemonium coeruleum*

### 花荵科　花荵属

形态特征：多年生草本。根匍匐，圆柱状，多纤维状须根。茎直立，高0.5~1米。羽状复叶互生，茎下部叶长可达20多厘米，茎上部叶长7~14厘米；小叶互生，11~21片，长卵形至披针形，长1.5~4厘米，宽0.5~1.4厘米，顶端锐尖或渐尖，基部近圆形，全缘；叶柄长1.5~8厘米。聚伞圆锥花序顶生或上部叶腋生，疏生多花；花冠紫蓝色，钟状，长1~1.8厘米，裂片倒卵形，顶端圆或偶有渐狭或略尖，边缘有疏

或密的缘毛或无缘毛。蒴果卵形，长5~7毫米。

分布与生境：产海拔(1000~)1700~3700米的山坡草丛、山谷疏林下、山坡路边灌丛或溪流附近湿处，在东北各地多生于草甸或草原。大海陀保护区见于山顶草甸。

## 狭苞斑种草
*Bothriospermum kusnezowii*

### 紫草科 斑种草属

**形态特征：**一年生草本。茎数条丛生，直立或平卧，被开展的硬毛及短伏毛，由下部多分枝。基生叶莲座状，倒披针形或匙形，先端钝，基部渐狭成柄，边缘有波状小齿，两面疏生硬毛及伏毛，具苞片；苞片线形或线状披针形，密生硬毛及伏毛。花冠淡蓝色、蓝色或紫色，钟状，裂片圆形，有明显的网脉，喉部有 5 个梯形附属物。小坚果椭圆形，密生疣状突起，腹面的环状凹陷圆形，增厚的边缘全缘。花果期 5～7 月。

**分布与生境：**生于海拔 830～2500 米山坡道旁、干旱农田及山谷林缘。大海陀保护区见于二里半保护站附近。

## 附地菜
*Trigonotis peduncularis*

### 紫草科 附地菜属

**形态特征：**一年生或二年生草本。茎通常多条丛生，稀单一，密集，铺散，高 5～30 厘米，基部多分枝，被短糙伏毛。基生叶呈莲座状，有叶柄，叶片匙形，茎上部叶长圆形或椭圆形，无叶柄或具短柄。花序生茎顶，幼时卷曲，后渐次伸长，长 5～20 厘米。小坚果斜三棱锥状四面体形，长 0.8～1 毫米，有短毛或平滑无毛，背面三角状卵形，

花期甚长。

**分布与生境：**多生长在平原、丘陵草地、林缘、田间及荒地。大海陀保护区见于石头堡村附近。

# 鹤虱
*Lappula myosotis*

## 紫草科　鹤虱属

**形态特征**　一年生或二年生草本。茎直立，高 30~60 厘米，中部以上多分枝，密被白色短糙毛。基生叶长圆状匙形，全缘，先端钝，基部渐狭成长柄，两面密被有白色基盘的长糙毛；茎生叶较短而狭，披针形或线形，扁平或沿中肋纵折，先端尖，基部渐狭，无叶柄。花序在花期短，果期伸长，花冠淡蓝色，漏斗状至钟状。小坚果卵状。花果期 6~9 月。

**分布与生境：**多生长在山坡草地等处。大海陀保护区见于海陀村附近。

# 荆条
*Vitex negundo* var. *heterophylla*

## 马鞭草科　牧荆属

**形态特征：**灌木或小乔木。小枝四棱形，密生灰白色绒毛。掌状复叶，小叶 5，少有 3；小叶片长圆状披针形至披针形，边缘有缺刻状锯齿，浅裂以至深裂，背面密被灰白色绒毛。花序梗密生灰白色绒毛；花萼钟状，外有灰白色绒毛；花冠淡紫色，外有微柔毛。核果近球形，径约 2 毫米；宿萼接近果实的长度。花期 4~6 月，果期 7~10 月。

**分布与生境：**多生长在山坡路旁。大海陀保护区广布。

## 糙苏
*Phlomis umbrosa*

### 唇形科　糙苏属

**形态特征：**多年生草本。根粗厚，须根肉质，长至 30 厘米，粗至 1 厘米。茎高 50~150 厘米，多分枝，四棱形，具浅槽。叶近圆形、圆卵形至卵状长圆形，基部浅心形或圆形，边缘为具胼胝尖的锯齿状牙齿，或为不整齐的圆齿；叶两面疏被柔毛及星状柔毛；苞叶通常为卵形，边缘为粗锯齿状牙齿，毛被同茎叶。花萼管状，长约 10 毫米，宽约 3.5 毫米，雄蕊内藏，花丝无毛，无附属器。

**分布与生境：**生于海拔 200~3200 米的疏林下或草坡上。大海陀保护区见于石头堡村附近。

## 百里香
*Thymus mongolicus*

### 唇形科　百里香属

**形态特征：**半灌木。叶小，全缘或每侧具 1~3 小齿；苞叶与叶同形，至顶端变成小苞片。轮伞花序紧密排成头状花序或疏松排成穗状花序；花具梗；花萼管伏钟形或狭钟形，具 10~13 脉，二唇形，上唇开展或直立，3 裂，裂片三角形或披针形，下唇 2 裂，裂片钻形，被硬缘毛，喉部被白色毛环；花冠筒内藏或外伸，冠檐二唇形，上唇直伸，微凹，下唇开裂，3 裂，裂片近相等或中裂片较长；雄蕊 4，分

离，外伸或内藏，前对较长，花药 2 室，药室平行或叉开；花盘平顶；花柱先端 2 裂，裂片钻形，相等或近相等。小坚果卵珠形或长圆形，光滑。

**分布与生境：**分布于干旱阳坡。大海陀保护区见于九骨咀附近。

# 地笋
*Lycopus lucidus*

唇形科　地笋属

**形态特征：**多年生草本，高 0.6~1.7 米。茎直立，通常不分枝，四棱形，具槽。叶具极短柄或近无柄，长圆状披针形，多少弧弯，通常长 4~8 厘米，宽 1.2~2.5 厘米，先端渐尖，基部渐狭，边缘具锐尖粗牙齿状锯齿，两面或上面具光泽，亮绿色，两面均无毛，下面具凹陷的腺点，侧脉 6~7 对，与中脉在上面不显著下面突出。轮伞花序无梗，轮廓圆球形，多花密集；花冠白色，长 5 毫米，外面在冠檐上具腺点，内面在喉部具白色短柔毛，冠筒长约 3 毫米，冠檐不明显二唇形，上唇近圆形，下唇 3 裂，中裂片较大。花期 6~9 月，果期 8~11 月。

**分布与生境：**生于海拔 320~2100 米的沼泽地、水边、沟边等潮湿处。大海陀保护区见于龙潭沟。

## 并头黄芩
*Scutellaria scordifolia*

**唇形科 黄芩属**

**形态特征：** 多年生草本。茎直立，高12~36厘米，四棱形。叶具很短的柄或近无柄，柄长1~3毫米，腹凹背凸，被小柔毛；叶片三角状狭卵形、三角状卵形或披针形，长1.5~3.8厘米，宽0.4~1.4厘米。花单生于茎上部的叶腋内，偏向一侧；花梗长2~4毫米，近基部有一对长约1毫米的针状小苞片。花冠蓝紫色，长2~2.2厘米；冠檐2唇形，上唇盔状，内凹，先端微缺，下唇中裂片圆状卵圆形，先端微缺，最宽处7毫米，2侧裂片卵圆形，先端微缺，宽2.5毫米。子房4裂，裂片等大。小坚果黑色，椭圆形，

长1.5毫米，径1毫米，具瘤状突起，腹面近基部具果脐。花期6~8月，果期8~9月。

**分布与生境：** 生于海拔2100米以下的草地或湿草甸。大海陀保护区见于石头堡村附近。

## 黄芩
*Scutellaria baicalensis*

**唇形科 黄芩属**

**形态特征：** 多年生草本。根茎肥厚，肉质，径达2厘米，伸长而分枝。叶坚纸质，披针形至线状披针形。花序在茎及枝上顶生，总状，长7~15厘米，常再于茎顶聚成圆锥花序；花冠紫、紫红至蓝色；花柱细长，先端锐尖，微裂。小坚果卵球形。花期7~8月，果期8~9月。

**分布与生境：** 生于向阳草坡地、休荒地上。大海陀保护区见于石头堡村附近。

## 毛建草（别名：岩青兰）
*Dracocephalum rupestre*

### 唇形科　青兰属

**形态特征：** 多年生草本。基生叶多数，叶片三角状卵形，基部常深心形，边缘具圆锯齿，茎生叶对生。轮伞花序多轮，密集成头状；花萼二唇形，上唇3裂，下唇2裂，裂齿披针形；花冠蓝色，二唇形，上唇盔状，微凹。

**分布与生境：** 生于山坡石缝中或亚高山草甸。大海陀保护区见于石头堡村附近。

## 香青兰
*Dracocephalum moldavica*

### 唇形科　青兰属

**形态特征：** 一年生草本，高22～40厘米。直根圆柱形。茎数个，直立或渐升，被倒向的小毛，常带紫色。叶片披针形至线状披针形，先端钝，基部圆形或宽楔形，基生叶卵圆状三角形，先端圆钝，基部心形，具疏圆齿，具长柄，边缘通常具不规则至规则的三角形牙齿或疏锯齿。轮伞花序，花冠淡蓝紫色。小坚果长圆形，顶平截，光滑。

**分布与生境：** 生于干燥山地、山谷、河滩多石处，适宜海拔220～1600米（青海至2700米）。分布在黑龙江、吉林、辽宁、内蒙古、河北、山西、河南、陕西、甘肃及青海等地。大海陀保护区见于石头堡村附近。

## 光萼青兰

*Dracocephalum argunense*

唇形科　青兰属

**形态特征：** 多年生草本。茎下部叶具短柄，柄长为叶片的1/4~1/3，叶片长圆状披针形，长2.2~4厘米，宽5~6毫米，先端钝，基部楔形，在下面中脉上疏被短毛或几无毛；茎中部以上之叶无柄，披针状线形，长4.5~6.8厘米，宽3.2~6毫米。轮伞花序生于茎顶2~4个节上，花冠蓝紫色，长3.3~4厘米，外面被短柔毛；花药密被柔毛，花丝疏被毛。花期6~8月。

**分布与生境：** 生于海拔180~750米的山坡草地或草原、江岸沙质草甸或灌丛中。大海陀保护区见于大东沟。

## 丹参

*Salvia miltiorrhiza*

唇形科　鼠尾草属

**形态特征：** 多年生直立草本。根肥厚，肉质，外面朱红色，内面白色。茎直立，四棱形，具槽，密被长柔毛，多分枝。叶常为奇数羽状复叶，卵圆形、椭圆状卵圆形或宽披针形，先端锐尖或渐尖，基部圆形或偏斜，边缘具圆齿，草质。花萼钟形，带紫色；小坚果黑色，椭圆形。花期4~8月。

**分布与生境：** 生于海拔120~1300米的山坡、林下草丛或溪谷旁。大海陀保护区见于石头堡村附近。

## 荫生鼠尾草
*Salvia umbratica*

唇形科　鼠尾草属

**形态特征：** 一年生或二年生草本，高可达 1.2 米。茎钝四棱形。叶片三角形或卵圆状三角形，长 3~16 厘米，宽 2.3~16 厘米，先端渐尖或尾状渐尖，基部心形或戟形。轮伞花序 2 花，花冠蓝紫或紫色，长 2.3~2.8 厘米，外面略被短柔毛，冠檐二唇形，上唇长圆状倒心形，下唇较上唇短而宽。小坚果椭圆形。花期 8~10 月。

**分布与生境：** 生于海拔 600~2000 米的山坡、谷地或路旁。大海陀保护区见于大东沟。

## 蓝萼香茶菜
*Rabdosia japonica* var. *glaucocalyx*

唇形科　香茶菜属

**形态特征：** 多年生草木。叶片卵形或宽卵形。聚伞花序具梗，组成顶生圆锥花序；苞片及小苞片卵形；花萼筒状钟形，常带蓝色；花冠白色，花冠筒近基部上面浅囊状，雄蕊及花柱直伸花冠外。小坚果宽倒卵形。

**分布与生境：** 生于山坡、谷地、路旁、灌木丛中，海拔可达 2100 米。大海陀保护区见于石头堡村附近。

## 香薷
*Elsholtzia ciliata*

唇形科　香薷属

**形态特征：**一年生草本。叶片卵形或椭圆状披针形，疏被小硬毛，下面满布橙色腺点。轮伞花序多花，组成偏向一侧、顶生的假穗状花序；苞片宽卵圆形，多半褪色，顶端针芒状，具睫毛，外近无毛而被橙色腺点；花萼钟状，齿端呈针芒状；花冠淡紫色。小坚果矩圆形。

**分布与生境：**生于路旁、山坡、荒地、林内、河岸，海拔达3400米。大海陀保护区见于石头堡村附近。

## 藿香
*Agastache rugosa*

唇形科　香薷属

**形态特征：**多年生草本。茎直立，四棱形，叶心状卵形至长圆状披针形，基部心形，稀截形，边缘具粗齿，纸质；花序基部的苞叶长不超过5毫米，宽1~2毫米，披针状线形，长渐尖，苞片形状与之相似，较小。轮伞花序具短梗，花萼管状倒圆锥形，花冠淡紫蓝色，蕊伸出花冠，花丝细，扁平，花柱与雄蕊近等长，丝状。成熟小坚果卵状长圆形。花期6~9月，果期9~11月。

**分布与生境：**喜高温、阳光充足环境。大海陀保护区见于石头堡村附近。

## 益母草
*Leonurus japonicus*

### 唇形科　益母草属

**形态特征：**一年生或二年生草本。有于其上密生须根的主根。茎直立，钝四棱形，微具槽，茎下部叶轮廓为卵形，基部宽楔形，掌状3裂，裂片呈长圆状菱形至卵圆形；花序最上部的苞叶近于无柄，线形或线状披针形。轮伞花序腋生，轮廓为圆球形，小苞片刺状，花萼管状钟形，花冠粉红至淡紫红色。小坚果长圆状三棱形。花期6~9月，果期9~10月。

**分布与生境：**生长于多种生境，尤以阳处为多，海拔可高达3400米。大海陀保护区广布。

## 曼陀罗
*Datura stramonium*

### 茄科　曼陀罗属

**形态特征：**草本或半灌木状，全体近于平滑或在幼嫩部分被短柔毛。茎粗壮，圆柱状，淡绿色或带紫色，下部木质化。叶广卵形，顶端渐尖，基部不对称楔形。花单生于枝叉间或叶腋，直立，有短梗；花萼筒状；花冠漏斗状，下半部带绿色，上部白色或淡紫色。蒴果直立生，卵状，成熟后淡黄色；种子卵圆形，稍扁。花期6~10月，果期7~11月。

**分布与生境：**常生于住宅旁、路边或草地上。大海陀保护区见于石头堡村附近。

## 龙葵
*Solanum nigrum*

### 茄科　茄属

**形态特征：** 一年生直立草本。茎绿色或紫色。叶卵形，先端短尖，基部楔形至阔楔形而下延至叶柄，全缘或每边具不规则的波状粗齿，光滑或两面均被稀疏短柔毛。蝎尾状花序腋外生，萼小，浅杯状，齿卵圆形，先端圆，基部两齿间连接处成角度；花冠白色。浆果球形；种子多数，近卵形。

**分布与生境：** 生于田边、荒地及村庄附近。大海陀保护区广布。

## 酸浆
*Physalis alkekengi* var. *franhceti*

### 茄科　酸浆属

**形态特征：** 多年生草本，基部常匍匐生根。基部略带木质，分枝稀疏或不分枝，茎节不甚膨大，常被有柔毛，尤其以幼嫩部分较密。叶长卵形至阔卵形，有时菱状卵形，顶端渐尖，基部不对称狭楔形、下延至叶柄，全缘而波状或者有粗牙齿，有时每边具少数不等大的三角形大牙齿。花萼阔钟状，花冠辐状，白色。果萼卵状，浆果球状，橙红色。花期5~9月，果期6~10月。

**分布与生境：** 生长于荒坡、山谷、路旁。大海陀保护区广布。

## 地黄
*Rehmannia glutinosa*

### 玄参科　地黄属

**形态特征:** 多年生草本, 高 10~30 厘米, 密被灰白色多细胞长柔毛和腺毛。根茎肉质, 鲜时黄色。叶通常在茎基部集成莲座状, 向上则强烈缩小成苞片, 或逐渐缩小而在茎上互生; 叶片卵形至长椭圆形。花冠长 3~4.5 厘米; 花冠筒多少弓曲, 外面紫红色, 被多细胞长柔毛; 花冠裂片, 5 枚。

**分布与生境:** 生于海拔 50~1100 米之砂质壤土、荒山坡、山脚、墙边、路旁等处。大海陀保护区广布。

## 草本威灵仙
*Veronicastrum sibiricum*

### 玄参科　腹水草属

**形态特征:** 多年生草本。根状茎横走, 长达 13 厘米, 节间短, 根多而须状。茎圆柱形, 不分枝, 无毛或多少被多细胞长柔毛。叶 4~6 枚轮生, 矩圆形至宽条形, 无毛或两面疏被多细胞硬毛。花序顶生, 长尾状, 各部分无毛; 花萼裂片不超过花冠半长, 钻形; 花冠红紫色、紫色或淡紫色。蒴果卵状, 长约 3.5 毫米; 种子椭圆形。花期 7~9 月。

**分布与生境:** 生于路边、山坡草地及山坡灌丛内, 海拔可达 2500 米处。大海陀保护区见于大海陀村附近。

## 山萝花
*Melampyrum roseum*

**玄参科　山萝花属**

**形态特征：**一年生直立草本，高15~80厘米。全株疏被鳞片状短毛。茎多分枝，四棱形。叶对生，叶片披针形至卵状披针形，先端渐尖，基部圆钝或楔形。总状花序顶生，花萼钟状，长约4毫米，常被糙毛，萼齿三角形至钻状三角形，具短睫毛；花冠红色或紫红色。蒴果卵状渐尖，直或先端稍向前偏，被鳞片状毛；种子黑色，2~4颗。花期夏、秋季。

**分布与生境：**生于山坡、疏林、灌丛和高草丛中。大海陀保护区见于二里半保护站附近。

## 松蒿
*Phtheirospermum japonicum*

**玄参科　松蒿属**

**形态特征：**一年生草本，高可达100厘米，植体被多细胞腺毛。茎通常多分枝。叶具边缘有狭翅之柄，叶片长三角状卵形，近基部的羽状全裂。花冠紫红色至淡紫红色，外面被柔毛；上唇裂片三角状卵形，下唇裂片先端圆钝；花丝基部疏被长柔毛。蒴果卵珠形；种子卵圆形。

**分布与生境：**生于海拔150~1900米之山坡灌丛阴处。大海陀保护区见于二里半保护站附近。

## 阴行草
*Siphonostegia chinensis*

**玄参科　阴行草属**

**形态特征：**一年生草本，直立，高 30~60 厘米，干时变为黑色，密被锈色短毛。叶对生，全部为茎出，下部者常早枯，上部者茂密，无柄或有短柄，叶片基部下延，扁平，密被短毛；叶片厚纸质，广卵形，两面皆密被短毛，中肋在上面微凹入，背面明显凸出，缘作疏远的二回羽状全裂，裂片仅约3对，仅下方两枚羽状开裂，小裂片 1~3 枚，外侧者较长，内侧裂片较短或无，线形或线状披针形，锐尖头，全缘。花黄色，萼筒状，5 裂；花冠唇形，5 裂。蒴果长椭圆形。

**分布与生境：**生于海拔 800~3400 米的山坡草地中。大海陀保护区见于石头堡村附近。

## 柳穿鱼
*Linaria vulgaris*

**玄参科　柳穿鱼属**

**形态特征：**多年生草本，植株高 20~80 厘米。叶通常多数而互生，少下部的轮生，上部的互生，更少全部叶都成4枚轮生的，条形，常单脉，少 3 脉，长 2~6 厘米，宽 2~4(10) 毫米。总状花序，花冠黄色，除去距长 10~15 毫米，上唇长于下唇，裂片长 2 毫米，卵形，下唇侧裂片卵圆形，宽 3~4

毫米，中裂片舌状，距稍弯曲，长 10~15 毫米。蒴果卵球状，长约 8 毫米；种子盘状，边缘有宽翅，成熟时中央常有瘤状突起。花期 6~9 月。

**分布与生境：**生于山坡、路边、田边草地中或多沙的草原。大海陀保护区见于二里半保护站附近。

植物篇

## 红纹马先蒿
*Pedicularis striata*

**玄参科　马先蒿属**

**形态特征：** 多年生草本。叶互生，披针形，长达 10 厘米，宽 3~4 厘米，羽状深裂至全裂，中肋两旁常有翅，裂片平展，线形，边缘有浅锯齿。花序穗状，伸长，稠密，长 6~22 厘米，轴被密毛；花冠黄色，具绛红色的脉纹，长 25~33 毫米，管在喉部以下向右扭旋，使花冠稍稍偏向右方。蒴果卵圆形，两室相等，稍稍扁平，有短凸尖，长 9~16 毫米，宽 3~6 毫米；约含种子 16 颗。花期 6~7 月，果期 7~8 月。

**分布与生境：** 生于海拔 1300~2650 米的高山草原及疏林中。大海陀保护区见于山顶草甸附近。

## 返顾马先蒿
*Pedicularis resupinata*

**玄参科　马先蒿属**

**形态特征：** 多年生草本，高 30~70 厘米，直立。茎常单出，上部多分枝，粗壮而中空，多方形有棱，有疏毛或几无毛。叶密生，均茎出，互生或有时下部甚或中部者对生，叶柄短，上部之叶近于无柄；叶片膜质至纸质，卵形至长圆状披针形，前方渐狭，基部广楔形或圆形，边缘有钝圆的

重齿，齿上有浅色的胼胝或刺状尖头，且常反卷，长 25~55 毫米，宽 10~20 毫米。花单生于茎枝顶端的叶腋中，无梗或有短梗；萼片长卵圆形；花冠长 20~25 毫米，淡紫红色，管长 12~15 毫米，伸直，近端处略扩大，自基部起即向右扭旋。蒴果斜长圆状披针形，仅稍长于萼。花期 6~8 月；果期 7~9 月。

**分布与生境：** 生于海拔 300~2000 米的湿润草地及林缘。大海陀保护区见于海陀峰附近。

## 穗花马先蒿
*Pedicularis spicata*

### 玄参科　马先蒿属

**形态特征：** 一年生草本。叶片椭圆状长圆形，长约 20 毫米，两面被毛，羽状深裂，裂片长卵形，边多反卷，时有胼胝；茎生叶多 4 枚轮生。花冠红色，长 12~18 毫米，管在萼口向前方以直角或相近的角度膝屈。蒴果长 6~7 毫米，狭卵形，下线稍弯，上线强烈向下弓曲，近端处突然斜下，斜截形，端有刺尖。花期 7~9 月，果期 8~10 月。

**分布与生境：** 生于海拔 1500~2600 米的草地、溪流旁及灌丛中。大海陀保护区见于山顶草甸附近。

## 角蒿
*Incarvillea sinensis*

### 紫葳科　角蒿属

**形态特征：** 一年生至多年生草本，具分枝的茎，高达 80 厘米。叶互生，二至三回羽状细裂，小叶不规则细裂，末回裂片线状披针形，具细齿或全缘。顶生总状花序。蒴果淡绿色，细圆柱形，顶端尾状渐尖；种子扁圆形，细小，四周具透明的膜质翅，顶端具缺刻。花期 5~9 月，果期 10~11 月。

**分布与生境：** 生于山坡、田野，适宜海拔 500~2500(~3850) 米。大海陀保护区广布。

# 透骨草

*Phryma leptostachya* subsp. *asiatica*

## 透骨草科　透骨草属

**形态特征：** 多年生草本，高 30~80 厘米。茎直立，四棱形。叶对生；叶片卵状长圆形、卵状披针形、卵状椭圆形至卵状三角形或宽卵形，草质。穗状花序生茎顶及侧枝顶端，被微柔毛或短柔毛。瘦果狭椭圆形，包藏于棒状宿存花萼内，反折并贴近花序轴，萼筒上方 3 萼齿；种子 1，基生，种皮薄膜质，与果皮合生。花期 6~10 月，果期 8~12 月。

**分布与生境：** 生于海拔 380~2800 米的阴湿山谷或林下。大海陀保护区见于石头堡村附近。

# 车前

*Plantago asiatica*

## 车前科　车前属

**形态特征：** 多年生草本。具须根。叶基生，叶片椭圆形、广卵形或卵状椭圆形，叶缘近全缘、波状或有疏齿至弯缺，两面无毛或被短柔毛。花密生成穗状花序。蒴果椭圆形或卵形。花期 6~9 月，果期 7~9 月。

**分布与生境：** 生于草甸、沟谷、田野和河边。大海陀保护区广布。

## 大车前
*Plantago major*

### 车前科　车前属

**形态特征:** 二年生或多年生草本。叶基生呈莲座状,平卧、斜展或直立;叶片草质、薄纸质或纸质,宽卵形至宽椭圆形。穗状花序细圆柱状。种子卵形、椭圆形或菱形,长0.8~1.2毫米,具角,腹面隆起或近平坦,黄褐色,子叶背腹向排列。花期6~8月,果期7~9月。

**分布与生境:** 生于草地、草甸、河滩、沟边、沼泽地、山坡路旁、田边或荒地,适宜海拔5~2800米。大海陀保护区见于龙潭沟。

## 平车前（别名：小车前）
*Plantago depressa*

### 车前科　车前属

**形态特征** 一年生或二年生草本。叶片纸质,椭圆形、椭圆状披针形或卵状披针形。穗状花序细圆柱状,上部密集,基部常间断,花冠白色,无毛。蒴果卵状椭圆形至圆锥状卵形,长4~5毫米,于基部上方周裂;种子4~5,椭圆形,腹面平坦,黄褐色至黑色,子叶背腹向排列。花期5~7月,果期7~9月。

**分布与生境:** 常生于路旁、田野、村庄附近。大海陀保护区广布。

## 薄皮木（别名：野丁香）
*Leptodermis oblonga*

**茜草科　野丁香属**

**形态特征：** 落叶小灌木，株高达1米。小枝有细柔毛。叶对生，全缘，椭圆状卵形至长圆形，背面疏生短柔毛；叶柄短而狭，叶柄间托叶为三角形。花冠紫色，长漏斗形。蒴果椭圆形。花果期6~9月。

**分布与生境：** 生于低山阴坡，分布较普遍。大海陀保护区见于三间房村附近。

## 蓬子菜
*Galium verum* Linn.

**茜草科　拉拉藤属**

**形态特征：** 多年生近直立草本。叶纸质，6~10片轮生，线形，通常长1.5~3厘米，宽1~1.5毫米，顶端短尖，边缘极反卷，常卷成管状。聚伞花序顶生或腋生，较大，多花，通常在枝顶结成带叶的长可达15厘米、宽可达12厘米的圆锥花序状；花冠黄色，辐状，无毛，直径约3毫米。花期4~8月，果期5~10月。

**分布与生境：** 生于山地、河滩、旷野、沟边、草地、灌丛或林下，适生海拔40~4000米。大海陀保护区见于山顶草甸附近。

## 砧草
*Galium boreale*

**茜草科　拉拉藤属**

**形态特征：** 多年生直立草本，高20~50厘米。茎具四棱，有分枝，近无毛或节部有微毛。叶4片轮生；叶片线状披针形，长1~3.5厘米，宽2~4毫米，先端钝，基部阔楔形或近圆形，边缘略反卷。锥花序状；花密，小，黄白色。果实球形，小，黑色，密被白色钩毛。花期6~8月，果期7~9月。

**分布与生境：** 生于山坡、草地、林缘灌丛。大海陀保护区见于石头堡村附近。

## 茜草
*Rubia cordifolia*

**茜草科　茜草属**

**形态特征：** 多年生攀缘草本。根黄赤色。茎四棱，蔓生，多分枝，茎棱、叶柄、叶缘和下面中脉上都有倒刺；通常四叶轮生。聚伞花序成圆锥状，顶生和腋生，花冠淡黄白色，辐状。果实肉质，双头形，成熟时红色。花果期6~9月。

**分布与生境：** 生于道旁、草丛及灌丛中，为极常见的杂草。大海陀保护区广布。

## 蒙古荚蒾
*Viburnum mongolicum*

忍冬科　荚蒾属

**形态特征：**落叶灌木。幼枝、叶下面、叶柄和花序均被簇状短毛，二年生小枝黄白色，浑圆，无毛。叶纸质，宽卵形至椭圆形，稀近圆形，长2.5~5(~6)厘米，顶端尖或钝形，基部圆或楔圆形，边缘有波状浅齿，齿顶具小突尖。聚伞花序直径1.5~3.5厘米，具少数花，花冠淡黄白色，筒状钟形，无毛，筒长5~7毫米，直径约3毫米，裂片长约1.5毫米。果实红色而后变黑色，椭圆形，长约10毫米。花期5月，果熟期9月。

**分布与生境：**生于海拔800~2400米的山坡疏林下或河滩地。大海陀保护区见于大东沟。

## 接骨木
*Sambucus williamsii*

忍冬科　接骨木属

**形态特征**落叶灌木，株高约3米。树皮浅灰褐色，无毛，具纵条棱。基数羽状复叶，互生。小叶叶缘具稍不整齐锯齿，下部2对小叶具柄。圆锥花序，顶生。浆果状核果，紫黑色。花期6~7月，果期8~9月。

**分布与生境：**生于山地灌丛、林缘。大海陀保护区见于石头堡村附近。

## 锦带花
*Weigela florida*

**忍冬科　锦带花属**

**形态特征：** 落叶灌木，高达 1~3 米。叶矩圆形、椭圆形至倒卵状椭圆形，顶端渐尖，花单生或成聚伞花序生于侧生短枝的叶腋或枝顶。果实顶有短柄状喙，疏生柔毛。花期 4~6 月。

**分布与生境：** 生于海拔 100~1450 米的杂木林下或山顶灌木丛中。大海陀保护区见于石头堡村附近。

## 六道木
*Abelia biflora*

**忍冬科　六道木属**

**形态特征：** 落叶灌木，株高达 3 米。幼枝被短柔毛，后光滑无毛。叶披针形或长圆形，上面被短绒毛，沿脉上密生毛，叶缘具缺刻状的锯齿。花不具总梗，通常为顶生 2 对，着生与侧枝末端。瘦果，弯曲，具柔毛；种子圆筒状。花期 6~9 月，果期 8~9 月。

**分布与生境：** 生于山坡灌丛中。大海陀保护区见于龙潭沟。

## 金花忍冬
*Lonicera chrysantha*

忍冬科　忍冬属

**形态特征：**落叶灌木，高达4米；叶纸质，菱状卵形、菱状披针形、倒卵形或卵状披针形。花冠先白色后变黄色，外面疏生短糙毛；唇形，唇瓣长2~3倍于筒，筒内有短柔毛，基部有1深囊或有时囊不明显；花柱全被短柔毛。果实红色，圆形。花期5~6月，果熟期7~9月。

**分布与生境：**生于海拔250~2000米的沟谷、林下或林缘灌丛中，大海陀保护区见于石头堡村附近。

## 北京忍冬
*Lonicera elisae*

### 忍冬科　忍冬属

**形态特征：** 落叶灌木，高达3米。幼枝无毛或连同叶柄和总花梗均被短糙毛、刚毛和腺毛。叶纸质，卵状椭圆形至卵状披针形或椭圆状矩圆形，顶端尖或渐尖；两面被短硬伏毛，下面被较密的绢丝状长糙伏毛和短糙毛。花与叶同时开放，花冠白色或带粉红色，长漏斗状，外被糙毛或无毛，筒细长，基部有浅囊，裂片稍不整齐，卵形或卵状矩圆形。果实红色，椭圆形，疏被腺毛、刚毛或无毛；种子淡黄褐色，稍扁，矩圆形或

卵圆形平滑。花期4~5月，果熟期5~6月。

**分布与生境：** 生于沟谷或山坡丛林或灌丛中，适生海拔500~1600米。大海陀保护区见于龙潭沟。

## 五福花
*Adoxa moschatellina*

### 五福花科　五福花属

**形态特征：** 多年生矮小草本，高8~15厘米。基生叶1~3，为一至二回三出复叶；小叶片宽卵形或圆形，长1~2厘米，3裂，茎生叶2枚，对生，3深裂，裂片再3裂，叶柄长1厘米左右。花黄绿色，直径4~6毫米；顶生花的花冠裂片4，侧生花的花冠裂片5。核果。花期4~7月，果期7~8月。

**分布与生境：** 生于海拔4000米以下的林下、林缘或草地。大海陀保护区见于大东沟。

173

## 异叶败酱（别名：墓头回）
### *Patrinia heterophylla*

**败酱科　败酱属**

**形态特征**：多年生草本，株高
30~60 厘米。茎分枝少，有毛。基
生叶叶缘有齿，柄长；茎生叶对生，
羽状裂，上部叶较窄，近无柄。花
成密聚伞花序再排成伞房花序，花
冠黄色。瘦果，长圆柱形或倒卵球
形。花期 7~8 月，果期 8~9 月。

**分布与生境**：生于较干燥的山坡
草丛和沟边、路旁。大海陀保护
区见于石头堡村附近。

## 华北蓝盆花
### *Scabiosa tschiliensis*

**川续断科　蓝盆花属**

**形态特征**：多年生草本。基生叶
簇生，连叶柄长 10~15 厘米，叶
片卵状披针形或窄卵形至椭圆形，
先端急尖或钝，有疏钝锯齿或浅
裂片，偶成深裂；茎生叶对生，
羽状深裂至全裂，侧裂片披针形，
长 1.5~2.5 厘米，宽 3~4 毫米。
总花梗长 15~30 厘米，头状花序
在茎上部成三出聚伞状，花时扁
球形，直径 2.5~4 厘米（连边缘
辐射花）；边花花冠二唇形，蓝
紫色，筒部长 6~7 毫米，外面密
生白色短柔毛，裂片 5；中央花
筒状，筒部长约 2 毫米，裂片 5，
近等长，长约 1 毫米。花期 7~8 月，
果熟 8~9 月。

**分布与生境**：生于海拔 300~1500 米山坡草地或
荒坡上。大海陀保护区见于山顶草甸附近。

## 赤瓟
*Thladiantha dubia*

### 葫芦科　赤瓟属

**形态特征：** 攀缘草质藤本，全株被黄白色的长柔毛状硬毛。根块状。茎稍粗壮，有棱沟。叶片宽卵状心形，边缘浅波状，有大小不等的细臭椿齿，先端急尖或短渐尖，基部心形，弯缺深，近圆形或半圆形。雌雄异株；雄花单生或聚生于短枝的上端呈假总状花序。果实卵状长圆形，有光泽，被柔毛，具10条明显的纵纹；种子卵形，黑色，平滑无毛。花期6~8月，果期8~10月。

**分布与生境：** 常生于海拔300~1800米的山坡、河谷及林缘湿处。大海陀保护区见于大东沟。

## 党参
*Codonopsis pilosula*

### 桔梗科　党参属

**形态特征：** 多年生草本。茎基具多数瘤状茎痕，较少分枝或中部以下略有分枝。叶在主茎及侧枝上的互生，在小枝上的近于对生，叶片卵形。花萼贴生至子房中部，裂片宽披针形或狭矩圆形；花冠上位，阔钟状，淡黄绿色，内有紫斑，裂片正三角形，端尖，全缘。花果期7~10月。

**分布与生境：** 生于海拔1560~3100米的山地林缘及灌丛中。大海陀保护区见于山顶草甸。

## 羊乳
### *Codonopsis lanceolata*

**桔梗科 党参属**

**形态特征：** 多年生蔓生草本。茎缠绕，叶在主茎上的互生，披针形或菱状狭卵形，细小，长0.8~1.4厘米，宽3~7毫米；在小枝顶端通常2~4叶簇生，而近于对生或轮生状，叶片菱状卵形、狭卵形或椭圆形，长3~10厘米，宽1.3~4.5厘米，顶端尖或钝，基部渐狭，通常全缘或有疏波状锯齿，上面绿色，下面灰绿色，花冠阔钟状，长2~4厘米，直径2~3.5厘米，浅裂，裂片三角状，反卷，长0.5~1厘米，黄绿色或乳白色，内有紫色斑。花果期7~8月。

**分布与生境：** 生于山地灌木林下沟边阴湿地区或阔叶林内。大海陀保护区见于九骨咀附近。

## 紫斑风铃草
### *Campanula puncatata*

**桔梗科 风铃草属**

**形态特征：** 多年生草本，全体被刚毛。基生叶具长柄，叶片心状卵形；茎生叶下部的有带翅的长柄，上部的无柄，三角状卵形至披针形，边缘具不整齐钝齿。花顶生于主茎及分枝顶端，下垂；花萼裂片长三角形，裂片间有一个卵形至卵状披针形而反折的附属物，它的边缘有芒状长刺毛；花冠白色，带紫斑，筒状钟形，

长3~6.5厘米，裂片有睫毛。蒴果半球状倒锥形，脉很明显；种子灰褐色，矩圆状，稍扁，长约1毫米。花期6~9月。

**分布与生境：** 生于山地林中、灌丛及草地中。大海陀保护区见于山顶草甸附近。

# 桔梗
*Platycodon grandiflorus*

### 桔梗科　桔梗属

**形态特征:** 多年生草本,具白色乳汁。根粗壮,长圆柱形,表皮黄褐色。茎直立,单一或分枝。叶3枚轮生,有时为对生或互生,叶为卵形或卵状披针形。花冠蓝紫色,浅钟状。蒴果,倒卵形,成熟时顶端5瓣裂;种子卵形,具三棱,黑褐色,具光泽。花期7~9月,果期8~10月。

**分布与生境:** 产东北、华北、华东、华中各省以及广东、广西(北部)、贵州、云南东南部(蒙自、砚山、文山)、四川(平武、凉山以东)、陕西。大海陀保护区见于石头堡村附近。

# 多歧沙参
*Adenophora wawreana*

### 桔梗科　沙参属

**形态特征:** 多年生草本。茎通常不分枝。基生叶心形;茎生叶具柄,也有柄很短的,叶片卵形、卵状披针形,少数为宽条形,基部浅心形,圆钝或楔状,顶端急尖至渐尖。花序为大圆锥花序,花序分枝长而多。蒴果宽椭圆状。花期7~9月。

**分布与生境:** 生于海拔2000米以下的阴坡草丛或灌木林中,或生于疏林下,多生于砾石中或岩石缝中。大海陀保护区常见。

## 荠苨（别名：荠尼）
### *Adenophora trachelioides*

**桔梗科　沙参属**

**形态特征：**多年生草本。具白色乳汁，茎高达 120 厘米，稍呈"之"字形弯曲，无毛。叶互生，具柄，叶片为心状卵形或三角状卵形，边缘具不整齐齿。花冠钟状，蓝色、蓝紫色或白色，长 2~2.5 厘米，裂片宽三角状半圆形，顶端急尖，长 5~7 毫米。花期 7~9 月。

**分布与生境：**生于山坡草地、林缘、灌丛中。大海陀保护区见于石头堡村附近。

## 展枝沙参
### *Adenophora divaricate*

**桔梗科　沙参属**

**形态特征：**多年生草本。叶全部轮生，极少稍错开的，叶片常菱状卵形至菱状圆形，顶端急尖至钝，边缘具锯齿，齿不内弯，花序常为宽金字塔状，花序分枝长而几乎平展，分枝部分轮生或全部轮生，茎有时被细长硬毛，花序轴被毛者较少。花柱常多少伸出花冠，花蓝色、蓝紫色。花期 7~8 月。

**分布与生境：**生于林下、灌丛中和草地中。大海陀保护区山区广布。

## 细叶沙参（别名：紫沙参）
*Adenophora paniculata*

### 桔梗科 沙参属

**形态特征：** 多年生草本。茎高大，高可达 1.5 米。茎生叶无柄或有长至 3 厘米的柄，条形至卵状椭圆形，全缘或有锯齿，通常无毛，长 5~17 厘米，宽 0.2~7.5 厘米。花序常为圆锥花序，花冠细小，近于筒状，浅蓝色、淡紫色或白色，长 10~14 毫米，5 浅裂，裂片反卷。蒴果卵状至卵状矩圆形。花期 6~9 月，果期 8~10 月。

**分布与生境：** 生于海拔 1100~2800 米的山坡草地。大海陀保护区见于山顶草甸附近。

## 苍耳（别名：苍子）
*Xanthium sibiricum*

### 菊科 苍耳属

**形态特征：** 一年生草本，高 20~90 厘米。茎直立不分枝或少有分枝，下部圆柱形。叶三角状卵形或心形，长 4~9 厘米，宽 5~10 厘米，近全缘，基部稍心形或截形，被糙伏毛。瘦果 2，倒卵形。花期 7~8 月，果期 9~10 月。

**分布与生境：** 常生长于平原、丘陵、低山、荒野路边、田边。大海陀保护区广布。

## 北苍术 (别名：茅术)
### *Atractylodes chinensis*

菊科　苍术属

**形态特征：** 多年生草本。根状茎平卧或斜升。全部叶质地硬，硬纸质，两面同色，无毛，边缘或裂片边缘有针刺状缘毛或三角形刺齿或重刺齿。头状花序单生茎枝顶端。瘦果倒卵圆状，被稠密的顺向贴伏的白色长直毛，有时变稀毛。花期7~8月，果期8~10月。

**分布与生境：** 主要生长在野生山坡草地、林下、灌丛及岩石缝隙中。大海陀保护区山区广布。

## 大丁草
### *Leibnitzia anandria*

菊科　大丁草属

**形态特征：** 多年生草本，植株具春秋二型。春型植株矮小，通常高8~19厘米。叶基生，成莲座状，提琴状羽状分裂，下面被白色绵毛；头状花序粉红色，后变白色。秋型植株高30厘米，叶大；头状花序大，全为管状花。瘦果灰色。

**分布与生境：** 生于干山坡、多石质山坡上。大海陀保护区广布。

## 飞廉

*Carduus nutans*

### 菊科 飞廉属

**形态特征** 二年生或多年生草本，高 30~100 厘米。茎单生或少数茎成簇生，通常多分枝，分枝细长，极少不分枝，全部茎枝有条棱，被稀疏的蛛丝毛和多细胞长节毛。头状花序通常下垂或下倾，单生茎顶或长分枝的顶端，但不形成明显的伞房花序排列，小花紫色。瘦果灰黄色，楔形。花果期 6~10 月。

**分布与生境：** 生于路边、山坡、草丛或田野。大海陀保护区见于石头堡村附近。

## 华北风毛菊

*Squssurea mogolica*

### 菊科 风毛菊属

**形态特征：** 多年生草本。根状茎斜升，上部伞房状或伞房圆锥花序状分枝。下部茎叶有长柄。头状花序多数，在茎枝顶端密集成伞房花序或伞房圆锥花序。瘦果圆柱状，褐色，长 4 毫米，无毛。花果期 7~10 月。

**分布与生境：** 生于灌丛下、林缘、山坡、山坡草甸、山坡林中，分布于北京、河北、内蒙古、陕西、甘肃等地。大海陀保护区见于石头堡村附近。

## 银背风毛菊
*Saussurea nivea*

菊科 风毛菊属

**形态特征:** 多年生草本, 高 30 ~ 120 厘米。茎直立, 被稀疏蛛丝毛或后脱毛, 上部有伞房花房状分枝。基生叶花期脱落, 叶片披针状三角形、心形或戟形, 被白色绵毛。头状花序在茎枝顶端排列成伞房花序。瘦果圆柱状, 褐色, 长 5 毫米, 无毛。花果期 7~9 月。

**分布与生境:** 生于海拔 400 ~ 2220 米的山坡林缘、林下及灌丛中。大海陀保护区见于山顶草甸附近。

## 紫苞风毛菊
*Saussurea purpurascens*

菊科 风毛菊属

**形态特征:** 多年生草本, 高约 5 厘米。茎直立, 被柔毛。叶莲座状, 条形, 长 4~9 厘米, 宽 3~8 毫米, 顶端急尖, 具小刺尖。头状花序单生, 直径 2.2 厘米; 总苞宽钟形或球状, 长 2 厘米, 总苞片 4 层, 外层卵状披针形, 革质, 紫红色, 边缘暗紫红色, 上部绿色, 草质, 反折; 花紫红色, 长 1.8 厘米。

**分布与生境:** 生于山坡灌丛中。大海陀保护区见于山顶草甸附近。

## 狼杷草
*Bidens tripartita*

### 菊科 鬼针草属

**形态特征:** 一年生草本。叶对生,下部的较小,不分裂,边缘具锯齿,中部叶具柄,柄长0.8~2.5厘米,有狭翅;叶片通常3~5深裂,裂深几达中肋;两侧裂片披针形至狭披针形,长3~7厘米,宽8~12毫米;顶生裂片较大,披针形或长椭圆状披针形,长5~11厘米,宽1.5~3厘米,两端渐狭,与侧生裂片边缘均具疏锯齿。头状花序单生茎端及枝端,无舌状花,全为筒状两性花,花冠长4~5毫米,冠檐4裂。瘦果扁,楔形或倒卵状楔形,长6~11毫米,宽2~3毫米,边缘有倒刺毛。

**分布与生境:** 生于路边荒野及水边湿地。大海陀保护区见于龙潭沟。

## 大籽蒿 (别名:白蒿)
*Artemisia sieversiana*

### 菊科 蒿属

**形态特征:** 一二年生草本,株高30~100厘米。根粗壮。茎直立,具沟棱,被白色短柔毛。叶片轮廓宽卵形,上面灰绿色,疏生柔毛,下面密生柔毛。头状花序,较大,半球形,下垂,花冠黄色。瘦果,长圆状倒卵形,褐色,无冠毛。花期7~8月,果期8~9月。

**分布与生境:** 生于农田、路旁、荒地、山坡上。大海陀保护区广布。

## 南牡蒿
*Artemisia eriopoda*

### 菊科　蒿属

**形态特征：** 多年生草本。主根明显，粗短、侧根多；根状茎稍粗短，肥厚，常成短圆柱状，直立或斜向上，常有短的营养枝，枝上密生叶。茎通常单生，具细纵棱，基部密生短柔毛，其余无毛，分枝多。头状花序多数，常组成穗状花序式的总状花序或稍大型的圆锥花序；花冠管状，花药线形。瘦果长圆形。花期6~8月，果期9~10月。

**分布与生境：** 生于山坡、林缘。大海陀保护区广布。

## 茵陈蒿
*Artemisia capillaris*

### 菊科　蒿属

**形态特征：** 半灌木状草本，植株有浓烈的香气。主根明显木质，垂直或斜向下伸长。茎单生或少数，红褐色或褐色，有不明显的纵棱，基部木质，上部分枝多，向上斜伸展；茎、枝初时密生灰白色或灰黄色绢质柔毛，后渐稀疏或脱落无毛。营养枝端有密集叶丛，基生叶密集着生，常成莲座状。头状花序，卵形。瘦果，长圆形。花期8~9月，果期9~10月。

**分布与生境：** 生于山坡、荒地、路边草地。大海陀保护区见于石头堡村附近。

## 猪毛蒿
*Artemisia scoparia*

菊科　蒿属

**形态特征：** 一到二年生草本，株高40~100厘米。茎直立，叶密集，幼时密被灰色绢状长柔毛，后渐脱落。头状花序小，球形或卵状球形。瘦果，长圆形，无毛。花期7~8月，果期9~10月。

**分布与生境：** 生于砂地、河岸或杂草地。大海陀保护区见于二里半保护站附近。

## 歧茎蒿
*Artemisia igniaria*

菊科　蒿属

**形态特征：** 半灌木状草本。茎直立，高60~150厘米。叶纸质，背面密被灰白色绒毛，茎中下部叶卵形或宽卵形，一至二回羽状深裂；上部叶3深裂或不分裂。头状花序椭圆形或长卵形，直径2.5~3.5毫米；总苞片3~4层，覆瓦状排列；花序托小，凸起；雌花5~8朵，花冠狭管状，檐部具1~2裂齿，花柱细长，伸出花冠外，先端2叉；两性花7~14朵，花冠管状，花药线形，先端附属物尖，长三角形。基部圆钝，花柱与花冠近等长，先端2叉，叉端截形。瘦果长圆形。花果期8~11月。

**分布与生境：** 常生于低海拔的山坡、林缘、草地、森林草原、灌丛与路旁等地。大海陀保护区广布。

## 火绒草（别名：薄雪草）
*Leontopodium leontopodioides*

### 菊科　火绒草属

**形态特征：** 多年生草本，高 15～40 厘米。全株密被灰白色绵毛。地下茎短粗，木质。茎丛生，细而坚韧。叶线形或线状披针形，无柄，灰绿色。雌雄异株。头状花序排列成伞房状或单生；苞叶线形；花多数，小而密集。瘦果长椭圆形。花期6～8月，果期8～9月。

**分布与生境：** 生于山地灌丛、草坡和林下。大海陀保护区见于山顶草甸附近。

## 蓝刺头
*Echinops sphaerocephalus*

### 菊科　蓝刺头属

**形态特征：** 多年生草本，高 50～150 厘米。茎单生粗壮，全部茎枝被毛。基部和下部茎叶全形宽披针形，羽状半裂。叶质地薄，纸质，两面异色，上面绿色，被稠密短糙毛，下面灰白色，被薄蛛丝状绵毛。复头状花序单生茎枝顶端，直径4～5.5厘米；小花淡蓝色或白色，花冠5深裂，裂片线形。瘦果倒圆锥状，被黄色的稠密顺向贴伏的长直毛，不遮盖冠毛。花果期8～9月。

**分布与生境：** 生于山坡林缘或渠边。大海陀保护区见于石头堡村附近。

# 猫儿菊
*Hypochaeris ciliata*

## 菊科　猫儿菊属

**形态特征：** 多年生草本。茎直立，有纵沟棱，高 20～60 厘米，不分枝，全株或仅下半部被稠密或稀疏的硬刺毛或光滑无毛，基部被黑褐色枯燥叶柄。基生叶椭圆形或长椭圆形或倒披针形，基部渐狭成长或短翼柄，下部茎生叶与基生形同形。头状花序单生于茎端，舌状小花多数，金黄色；总苞宽钟状或半球形，瘦果圆柱状，浅褐色，长 8 毫米。花果期 6~9 月。

**分布与生境：** 生于山坡草地、林缘路旁或灌丛中，海拔 850～1200 米处。大海陀保护区见于大海陀村附近。

# 刺儿菜
*Cirsium segetum*

## 菊科　蓟属

**形态特征：** 多年生草本，株高 20～100 厘米。具细长匍匐根茎。茎直立，具纵沟棱，被蛛丝状毛。叶互生。头状花序，通常单生或多个生于枝端，成伞房状；花序托凸起，有托毛。瘦果，椭圆形或长卵形，略扁平。花果期 4~8 月。

**分布与生境：** 生于荒地或路边。大海陀保护区广布。

## 麻花头
*Serratula centauroides*

菊科　麻花头属

形态特征：多年生草本，高40~100厘米。基生叶及下部茎叶长椭圆形，长8~12厘米，宽2~5厘米，羽状深裂，有长3~9厘米的叶柄；侧裂片5~8对，全部裂片长椭圆形至宽线形，全缘或有锯齿或少锯齿。头状花序少数，单生茎枝顶端，但不形成明显的伞房花序式排列；总苞卵形或长卵形，直径1.5~2厘米，上部有收缢或稍见收缢；总苞片10~12层，覆瓦状排列；全部小花红色、红紫色或白色，花冠长2.1厘米。花果期6~9月。

分布与生境：生于山坡林缘、草原、草甸、路旁或田间，适生海拔1100~1590米。大海陀保护区见于大海陀村附近。

## 小红菊（别名：红菊）
*Dendranthema chanetii*

菊科　菊属

形态特征：多年生草本，株高10~35厘米。茎直立，有分枝，疏被毛。头状花序，舌状花粉红色、红紫色或白色。瘦果，无齿冠，有4~6条肋棱。花果期8~10月。

分布与生境：生于山坡、林缘、灌丛及河滩沟边。大海陀保护区山区广布。

## 牛蒡
*Arctium lappa*

菊科　牛蒡属

**形态特征：** 二年生草本，高达 2 米。基生叶宽卵形，长达 30 厘米，宽达 21 厘米，基部心形，有长达 32 厘米的叶柄，两面异色，上面绿色，下面灰白色或淡绿色，被薄绒毛或绒毛稀疏。头状花序多数或少数在茎枝顶端排成疏松的伞房花序或圆锥状伞房花序；总苞卵形或卵球形，直径 1.5~2 厘米；小花紫红色，花冠长 1.4 厘米。瘦果倒长卵形或偏斜倒长卵形，长 5~7 毫米，宽 2~3 毫米，两侧压扁，浅褐色。花果期 6~9 月。

**分布与生境：** 生于山坡、山谷、林缘、林中、灌丛、河边潮湿地、村庄路旁或荒地，适生海拔 750~3500 米。大海陀保护区见于山顶草甸附近。

## 盘果菊（别名：福王草）
*Prenanthes tatarinowii*

菊科　福王草属

**形态特征：** 多年生草本，高 0.5~1.5 米。茎直立，单生，上部圆锥状花序分枝，全部茎枝无毛或几无毛。中下部茎叶心形或卵状心形，向上的茎叶渐小，同形并等样分裂。头状花序含 5 枚舌状小花，小花紫色、粉红色。瘦果线形或长椭圆状，紫褐色，向顶端渐宽。花果期 8~10 月。

**分布与生境：** 生于山谷、山坡林缘、林下、草地或水旁潮湿地，适生海拔 510~2980 米处。大海陀保护区见于石头堡村附近。

## 祁州漏芦 (别名：大花蓟)
*Rhaponticum uniflorum*

### 菊科　漏芦属

**形态特征：** 多年生草本，高达 80 厘米。茎直立不分枝，有绵毛。基生叶与茎下部叶羽状深裂，较大，长达 20 厘米，裂片长圆形或更窄，边缘有不规则锯齿；两面有软毛；叶柄长，有厚绵毛。头状花序单生茎顶，较大，直径可达 5 厘米以上，裂片狭长。瘦果棕褐色，有 4 棱，冠毛淡褐色。花期 5~6 月。

**分布与生境：** 分布于干旱阳坡。大海陀保护区见于石头堡村附近。

## 高山蓍
*Achillea alpina*

### 菊科　蓍属

**形态特征：** 多年生草本，具短根状茎。茎直立，高 30~80 厘米。叶无柄，条状披针形，长 6~10 厘米，宽 7~15 毫米，篦齿状羽状浅裂至深裂(叶轴宽 3~8 毫米)，基部裂片抱茎；裂片条形或条状披针形，尖锐，边缘有不等大的锯齿或浅裂，齿端和裂片顶端有软骨质尖头。头状花序多数，集成伞房状；边缘舌状花 6~8 朵，长 4~4.5 毫米，舌片白色，宽椭圆形，长 2~2.5 毫米，顶端 3 浅齿；管状花白色，长 2.5~3 毫米，冠檐 5 裂，管部压扁。瘦果宽倒披针形，长 2 毫米，宽 1.1 毫米。花果期 7~9 月。

**分布与生境：** 常见于山坡草地、灌丛间、林缘。大海陀保护区见于山顶草甸。

## 烟管头草（别名：金挖耳）
*Carpesium cernuum*

菊科　天名精属

**形态特征：** 多年生草本，株高 50～100 厘米。茎直立，分枝，被白色长柔毛。头状花序，单生于小枝的顶端，向下弯垂，花黄色。瘦果，无冠毛。花果期 7～10 月。

**分布与生境：** 生于山谷、林缘及沟边等地。大海陀保护区见于石头堡村附近。

## 狭苞橐吾
*Ligularia intermedia*

菊科　橐吾属

**形态特征：** 多年生草本植物。根肉质，茎直立，成株高达 80～100 厘米。叶片肾形或心形，边缘具整齐三角状小齿。头状花序集成总状花序，苞片线状披针形；舌状花 4～6 枚，黄色，舌片长圆形；管状花 7～12 枚，伸出总苞，冠毛紫褐色。瘦果圆柱形，长约 5 毫米。花果期 7～10 月。

**分布与生境：** 生于林下、灌丛和草地中。大海陀保护区见于龙潭沟。

# 山尖子
*Parasenecio hastatus*

### 菊科 蟹甲草属

形态特征：多年生草本，高 40 ~ 150 厘米。叶片三角状戟形，长 7 ~ 10 厘米，宽 13 ~ 19 厘米，顶端急尖或渐尖，基部戟形或微心形，沿叶柄下延成具狭翅的叶柄。头状花序多数，下垂，在茎端和上部叶腋排列成塔状的狭圆锥花序；总苞圆柱形，长 9 ~ 11 毫米，宽 5 ~ 8 毫米；小花 8 ~ 15（20），花冠淡白色，长 9 ~ 11 毫米。花期 7 ~ 8 月，果期 9 月。

分布与生境：产于东北、华北。生于林下、林缘或草丛中。大海陀保护区见于龙潭沟。

# 欧亚旋覆花（别名：大花旋覆花）
*Inula britanica*

### 菊科 旋覆花属

形态特征：多年生草本。茎直立，单生或 2 ~ 3 个簇生，高 20 ~ 70 厘米，被长柔毛，全部有叶。基部叶在花期常枯萎，长椭圆形或披针形；中部叶长椭圆形，基部宽大，无柄，心形或有耳，半抱茎，顶端尖或稍尖，有浅或疏齿。头状花序 1 ~ 5 个，生于茎端或枝端。瘦果圆柱形，有浅沟，被短毛。花期 7 ~ 9 月，果期 8 ~ 10 月。

分布与生境：生于河流沿岸、湿润坡地、田埂和路旁。大海陀保护区广布。

## 紫菀
*Aster tataricus*

### 菊科　紫菀属

**形态特征：** 多年生草本，高 40 ~ 50 厘米。基部叶长圆状或椭圆状匙形，下半部渐狭成长柄，连柄长 20 ~ 50 厘米，宽 3 ~ 13 厘米，顶端尖或渐尖，边缘有具小尖头的圆齿或浅齿；下部叶匙状长圆形，常较小，下部渐狭或急狭成具宽翅的柄，渐尖，边缘除顶部外有密锯齿。头状花序多数，径 2.5 ~ 4.5 厘米，在茎和枝端排列成复伞房状；舌片蓝紫色，长15 ~ 17 毫米，宽 2.5 ~ 3.5 毫米。瘦果倒卵状长圆形，紫褐色，长2.5 ~ 3 毫米。花期 7 ~ 9 月，果期8 ~ 10 月。

**分布与生境：** 生于低山阴坡湿地、山顶和低山草地及沼泽地，适生海拔 400 ~ 2000 米。大海陀保护区见于大东沟。

## 桃叶鸦葱
*Scorzonera sinensis*

### 菊科 鸦葱属

**形态特征：** 多年生草本。基生叶包括叶柄长可达 33 厘米，向基部渐狭成长或短柄，柄基鞘状扩大，离基 3~5 出脉，边缘皱波状；茎生叶少数，鳞片状，披针形或钻状披针形，基部心形，半抱茎或贴茎。头状花序单生茎顶，总苞圆柱状，直径约 1.5 厘米。总苞片约 5 层，外层三角形或偏斜三角形。舌状小花黄色。瘦果圆柱状，有多数高起纵肋，肉红色，无毛，无脊瘤。冠毛污黄色，大部羽毛状，羽枝纤细，蛛丝毛状，上端为细锯齿状；冠毛

与瘦果连接处有蛛丝状毛环。花果期 4~9 月。

**分布与生境：** 生于山坡、丘陵地、沙丘、荒地或灌木林下，适生海拔 280~2500 米。大海陀保护区见于大海陀村附近。

## 蒲公英
*Taraxacum mongolicum*

### 菊科 蒲公英属

**形态特征：** 多年生草本。叶倒卵状披针形、倒披针形或长圆状披针形，长 4~20 厘米，宽 1~5 厘米，先端钝或急尖，边缘有时具波状齿或羽状深裂，顶端裂片较大，三角形或三角状戟形，全缘或具齿，每侧裂片 3~5 片，裂片三角形或三角状披针形。花葶一至数个，与叶等长或稍长，高 10~25 厘米，上部紫红色，密被蛛丝状白色长柔毛；头状花序直径 30~40 毫米；舌状花黄色，舌片长约 8 毫米，宽约 1.5 毫米，

边缘花舌片背面具紫红色条纹。花期 4~9 月，果期 5~10 月。

**分布与生境：** 广泛生于中、低海拔地区的山坡草地、路边、田野、河滩。大海陀保护区见于二里半保护站附近。

## 臭草
*Melica scabrosa*

### 禾本科　臭草属

**形态特征：** 多年生草本。须根细弱，较稠密。秆丛生，直立或基部膝曲。叶鞘闭合近鞘口，常撕裂，光滑或微粗糙，叶舌透明膜质；叶片质较薄，扁平，干时常卷折，两面粗糙或上面疏被柔毛。圆锥花序狭窄，小穗柄短，纤细，上部弯曲，被微毛；小穗淡绿色或乳白色，顶端由数个不育外稃集成小球形。

**分布与生境：** 生于海拔 200～3300 米的山坡草地、荒芜田野、渠边路旁。大海陀保护区见于石头堡村附近。

## 野青茅
*Calamagrostis arundinacea*

### 禾本科　拂子茅属

**形态特征：** 多年生草本。秆直立，其节膝曲，丛生，基部具被鳞片的芽。叶鞘疏松裹茎，无毛或鞘颈具柔毛；叶舌膜质，顶端常撕裂；叶片扁平或边缘内卷，无毛，两面粗糙，带灰白色。圆锥花序紧缩似穗状，分枝3或数枚簇生，

直立贴生，与小穗柄均粗糙；小穗草黄色或带紫色；颖片披针形，先端尖，稍粗糙，外稃稍粗糙，顶端具微齿裂。

**分布与生境：** 生于山坡草地、林缘、灌丛山谷溪旁；大海陀保护区广布。

# 狗尾草
*Setaria viridis*

**禾本科　狗尾草属**

**形态特征：**一年生草本。根为须状或支持根。秆直立或基部膝曲。叶鞘松弛，边缘具毛状纤毛；叶舌，缘有纤毛；叶片扁平，长三角状狭披针形或线状披针形，先端长渐尖或渐尖，基部钝圆形，几呈截状或渐窄。圆锥花序紧密呈圆柱状或基部稍疏离，直立或稍弯垂，主轴被较长柔毛、刚毛，通常绿色或褐黄到紫红或紫色；小穗簇生于主轴上。叶上下表皮脉间均为微波纹或无波纹的、壁较薄的长细胞。颖果灰白色。

**分布与生境：**生于海拔 4000 米以下的荒野、道旁，为旱地作物常见的一种杂草。大海陀保护区广布。

# 虎尾草
*Chloris virgata*

**禾本科　虎尾草属**

**形态特征：**一年生草本。秆直立或基部膝曲，光滑无毛。叶鞘背部具脊，包卷松弛，无毛；叶舌无毛或具纤毛；叶片线形，两面无毛或边缘及上面粗糙。穗状花序指状着生于秆顶，常直立而并拢成毛刷状，有时包藏于顶叶之膨胀叶鞘中，紫色；小穗无柄；外稃纸质，呈倒卵状披针形，两侧边缘上部有长白色柔毛，顶端尖或有时具 2 微齿，芒自背部顶端稍下方伸出。颖果纺锤形，淡黄色，光滑无毛而半透明。

**分布与生境：**遍布于全国各地；多生于路旁荒野，河岸沙地、土墙及房顶上，海拔可达 3700 米。大海陀保护区广布。

## 马唐（别名：大抓根草）
### *Digitaria sanguinalis*

**禾本科　马唐属**

**形态特征**：一年生草本。秆直立或下部倾斜，膝曲上升，无毛或节生柔毛。叶鞘短于节间，无毛或散生疣基柔毛；叶片线状披针形，基部圆形，边缘较厚，微粗糙，具柔毛或无毛。穗轴直伸或开展，两侧具宽翼，边缘粗糙；小穗椭圆状披针形；第一颖小，短三角形，无脉；第二颖具3脉，披针形，长为小穗的1/2左右，脉间及边缘大多具柔毛；花药长约1毫米。花果期6~9月。

**分布与生境**：生于路旁、田野。大海陀保护区广布。

## 老芒麦
### *Elymus sibiricus*

**禾本科　披碱草属**

**形态特征**：多年生草本。秆单生或成疏丛，高60~90厘米。叶鞘光滑无毛；叶片扁平，有时上面生短柔毛，长10~20厘米，宽5~10毫米。穗状花序较疏松而下垂，长15~20厘米，通常每节具2枚小穗，小穗灰绿色或稍带紫色，含(3)4~5小花。

**分布与生境**：多生于路旁和山坡上。大海陀保护区见于大东沟。

## 求米草
*Oplismenus undulatifolius*

### 禾本科　求米草属

**形态特征：**多年生草本。秆纤细，基部平卧地面，节处生根，上升部分高20~50厘米。叶鞘短于或上部者长于节间，密被疣基毛；叶舌膜质，短小，长约1毫米；叶片扁平，披针形至卵状披针形，先端尖，基部略圆形而稍不对称，通常具细毛。圆锥花序，主轴密被疣基长刺柔毛；分枝短缩；小穗卵圆形，被硬刺毛，簇生于主轴或部分孪生；颖草质，鳞被2，膜质；雄蕊3；花柱基分离。花果期7~11月。

**分布与生境：**生于疏林下阴湿处。大海陀保护区见于龙潭沟。

## 硬质早熟禾
*Poa sphondylodes*

### 禾本科　早熟禾属

**形态特征：**多年生密丛型草本。叶鞘基部带淡紫色，顶生者长4~8厘米，长于其叶片；叶舌长约4毫米，先端尖；叶片长3~7厘米，宽1毫米，稍粗糙。圆锥花序紧缩而稠密，长3~10厘米，宽约1厘米；花果期6~8月。

**分布与生境：**生于山坡草原干燥沙地。大海陀保护区见于大东沟。

## 宽叶薹草
*Carex siderosticta*

### 莎草科　薹草属

**形态特征：** 多年生草本。具长匍匐根状茎。秆侧生，高10~40厘米，花葶状，基部以上生小穗。叶长圆状披针形，短于秆，脉上具疏柔毛；基部叶鞘褐色，顶端无叶片。小坚果紧包于果囊中，椭圆形，淡褐色，有三棱，长约3毫米；花柱短，柱头3，细长。花期4~5月，果期5~6月。

**分布与生境：** 生于山坡、林下、水边。大海陀保护区见于石头堡村附近。

## 一把伞南星（别名：麻芋子）
*Arisaema erubescens*

### 天南星科　天南星属

**形态特征：** 多年生草本。块茎扁球形，直径可达6厘米，表皮黄色，有时淡红紫色。鳞叶绿白色、粉红色，有紫褐色斑纹。佛焰苞绿色，背面有清晰的白色条纹，或淡紫色至深紫色而无条纹，管部圆筒形。肉穗花序单性，雄花花密；雌花序长约2厘米，粗6~7毫米；各附属器棒状、圆柱形，中部稍膨大或否，直立。浆果红色；种子1~2，球形，淡褐色。花期5~7月，果9月成熟。

**分布与生境：** 海拔3200米以下的林下、灌丛、草坡、荒地均有生长。大海陀保护区见于龙潭沟。

## 东北南星（别名：山苞米）
### *Arisaema amurense*

**天南星科　天南星属**

**形态特征：** 多年生草本。块茎小，近球形，直径 1~2 厘米。鳞叶 2，线状披针形，锐尖，膜质。叶 1，叶柄长 17~30 厘米，叶片倒卵形、倒卵状披针形或椭圆形，先端短渐尖或锐尖。佛焰苞管部漏斗状，白绿色，喉部边缘斜截形，狭外，卷；雄花具柄，花药 2~3，药室近圆球形，顶孔圆形；雌花：子房倒卵形，柱头大，盘状，具短柄。浆果红色；种子 4，红色，卵形。肉穗花序轴常于果期增大，基部粗可达 2.8 厘米，果落后紫红色。花期 5 月，果 9 月成熟。

**分布与生境：** 生于海拔 50~1200 米的林下和沟旁。大海陀保护区见于石头堡村附近。

## 鸭跖草
### *Commelina communis*

**鸭跖草科　鸭跖草属**

**形态特征** 一年生或多年生草本，有的茎下部木质化。茎有明显的节和节间。叶互生，有明显的叶鞘。聚伞花序单生或集成圆锥花序，有的伸长而很典型，有的缩短成头状，有的无花序梗而花簇生，甚至有的退化为单花；子房 3 室，或退化为 2 室，每室有一至数颗直生胚珠。果实大多为室背开裂

的蒴果，稀为浆果状而不裂；种子大而少数，富含胚乳，种脐条状或点状。

**分布与生境：** 生于湿地。大海陀保护区见于二里半保护站附近。

# 竹叶子
*Streptolirion volubile*

**鸭跖草科　竹叶子属**

**形态特征:** 多年生攀缘草本,极少茎近于直立。叶片心状圆形,有时心状卵形。蝎尾状聚伞花序有花一至数朵,集成圆锥状,圆锥花序下面的总苞片叶状。花无梗;萼片长3~5毫米,顶端急尖;花瓣白色、淡紫色而后变白色,线形,略比萼长。蒴果长4~7毫米,顶端有长达3毫米的芒状突尖;种子褐灰色,长约2.5毫米。花期7~8月,果期9~10月。

**分布与生境:** 通常生于海拔2000米以下的山地。大海陀保护区见于龙潭沟。

## 山丹
*Lilium pumilum*

**百合科　百合属**

**形态特征：** 多年生草本。鳞茎卵形或圆锥形，高 2.5～4.5 厘米，直径 2～3 厘米；茎高 15～60 厘米，有小乳头状突起，有的带紫色条纹。叶散生于茎中部，条形。花单生或数朵排成总状花序，鲜红色，通常无斑点，下垂；花粉近红色；子房圆柱形，长 0.8～1 厘米；花柱稍长于子房或长 1 倍多，长 1.2～1.6 厘米，柱头膨大，径 5 毫米，3 裂。蒴果矩圆形，长 2 厘米，宽 1.2～1.8 厘米。蒴果矩圆形。花期 7～8 月，果期 9～10 月。

**分布与生境：** 生于海拔 400～2600 米的山坡草地或林缘。大海陀保护区见于石头堡村附近。

## 有斑百合
*Lilium concolor* var. *pulchellum*

**百合科　百合属**

**形态特征：** 多年生草本。鳞茎卵球形，高 2～3.5 厘米，直径 2～3.5 厘米；鳞片卵形或卵状披针形，白色，鳞茎上方茎上有根。茎高 30～50 厘米，少数近基部带紫色，有小乳头状突起。叶散生，条形，长 3.5～7 厘米。花 1～5 朵排成近伞形或总状花序；花直立，星状开展，深红色。蒴果矩圆形。花期 6～7 月，果期 8～9 月。

**分布与生境：** 生于海拔 350～2000 米的山坡草丛、路旁、灌木林下。分布于大海陀保护区石头堡村附近。

# 舞鹤草
*Maianthemum bifolium*

## 百合科　舞鹤草属

**形态特征：** 多年生草本。茎生叶通常2枚，极少3枚，互生于茎的上部，三角状卵形，先端急尖至渐尖，基部心形。总状花序直立，有10~25朵花；花序轴有柔毛或乳头状突起；花白色，单生或成对。浆果直径3~6毫米；种子卵圆形，种皮黄色，有颗粒状皱纹。花期5~7月，果期8~9月。

**分布与生境：** 生于高山阴坡林下。大海陀保护区见于山顶草甸。

# 长梗韭

*Allium neriniflorum*

## 百合科　葱属

**形态特征：** 多年生草本，植株无葱蒜气味。鳞茎单生，卵球状至近球状，宽 1~2 厘米；鳞茎外皮灰黑色，膜质，不破裂。叶圆柱状或近半圆柱状，中空，具纵棱。花葶圆柱状，高 (15~)20~52 厘米，粗 1~2 毫米，伞形花序疏散；小花梗不等长，长 (4.5~)7~11 厘米，基部具小苞片；花红色至紫红色；花被片长 7~10 毫米，宽 2~3.2 毫米。花果期 7~9 月。

**分布与生境：** 生于海拔 2000 米以下的山坡、湿地、草地或海边沙地。大海陀保护区见于山顶草甸附近。

## 茖葱
*Allium victorialis*

**百合科　葱属**

**形态特征：** 多年生草本。鳞茎近圆柱状，鳞茎外皮灰褐色至黑褐色，破裂成纤维状，呈明显的网状。叶倒披针状椭圆形至椭圆形，先端渐尖或短尖；总苞2裂，宿存。伞形花序球状，花白色或带绿色，内轮花被片椭圆状卵形，先端钝圆，常具小齿；外轮的狭而短，舟状，先端钝圆；子房具3圆棱，基部收狭成短柄，每室具1胚珠。花果期6~8月。

**分布与生境：** 生于海拔1000~2500米的阴湿山坡、林下、草地或沟边。大海陀保护区见于大海陀村附近。

## 黄精
*Polygonatum sibiricum*

**百合科　黄精属**

**形态特征：** 多年生草本。根状茎圆柱状，结节膨大。叶轮生，每轮4~6枚，条状披针形，先端拳卷或弯曲成钩。花序通常具2~4朵花，似成伞形状，花梗俯垂；苞片位于花梗基部，膜质，钻形或条状披针形；花被乳白色至淡黄色。浆果黑色，具4~7颗种子。花期5~6月，果期8~9月。

**分布与生境：** 生于海拔800~2800米的林下、灌丛或山坡阴处。大海陀保护区广布。

## 玉竹
*Polygonatum odoratum*

### 百合科　黄精属

**形态特征：** 多年生草本。根状茎圆柱形。茎高20~50厘米，具7~12叶。叶互生，椭圆形至卵状矩圆形，下面带灰白色。花序具1~4花，总花梗（单花时为花梗）无苞片或有条状披针形苞片；花被黄绿色至白色，全长13~20毫米，花被筒较直，裂片长3~4毫米；花丝丝状，近平滑至具乳头状突起，花药长约4毫米；子房长3~4毫米，花柱长10~14毫米。浆果蓝黑色，直径7~10毫米，具7~9颗种子。花期5~6月，果期7~9月。

**分布与生境：** 生于海拔500~3000米的林下或山野阴坡。大海陀保护区见于石头堡村附近。

## 藜芦
*Veratrum nigrum*

### 百合科　藜芦属

**形态特征** 多年生草本。通常粗壮，基部的鞘枯死后残留为有网眼的黑色纤维网。叶椭圆形、宽卵状椭圆形或卵状披针形，薄革质，先端锐尖或渐尖。圆锥花序密生黑紫色花；侧生总状花序近直立伸展；总轴和枝轴密生白色绵状毛；生于侧生花序上的花梗长约5毫米，约等长于小苞片，密生绵状毛；花被片开展或在两性花中略反折，矩圆形，长5~8毫米，

宽约3毫米，先端钝或浑圆，基部略收狭，全缘；子房无毛。蒴果长1.5~2厘米，宽1~1.3厘米。花果期7~9月。

**分布与生境：** 生于海拔1200~3300米的山坡林下或草丛中。大海陀保护区见于山顶草甸。

## 铃兰
*Convallaria majalis*

**百合科　铃兰属**

**形态特征：** 多年生草本。植株全部无毛，高 18~30 厘米，常成片生长。叶椭圆形或卵状披针形，先端近急尖，基部楔形；叶柄长 8~20 厘米。花莛高 15~30 厘米，稍外弯；苞片披针形，短于花梗；花梗长 6~15 毫米，近顶端有关节，果熟时从关节处脱落；花白色，裂片卵状三角形，先端锐尖，有 1 脉；花丝稍短于花药，向基部扩大，花药近矩圆形；花柱柱状。浆果熟后红色，稍下垂；种子扁圆形或双凸状，表面有细网纹，直径 3 毫米。花期 5~6 月，果期 7~9 月。

**分布与生境：** 生于海拔 850~2500 米的阴坡林下潮湿处或沟边。大海陀保护区见于大海陀村附近。

**分布与生境：** 生于海拔 900~1950 米的林下阴湿处或岩缝中。大海陀保护区见于华北落叶松林林下。

## 鹿药
*Smilacina japonica*

**百合科　鹿药属**

**形态特征：** 多年生草本，植株高 30~60 厘米。叶纸质，卵状椭圆形、椭圆形或矩圆形，先端近短渐尖，两面疏生粗毛或近无毛，具短柄。圆锥花序长 3~6 厘米，具 10~20 余朵花；花单生，白色。浆果近球形，熟时红色，具 1~2 颗种子。花期 5~6 月，果期 8~9 月。

## 绵枣儿
*Scilla scilloides*

百合科　绵枣儿属

**形态特征：**多年生草本。鳞茎卵形或近球形，鳞茎皮黑褐色。基生叶通常 2~5 枚，狭带状。花葶通常比叶长；具多数花；花紫红色、粉红色至白色，直径 4~5 毫米；花被片近椭圆形、倒卵形或狭椭圆形，基部稍合生而成盘状，先端钝而且增厚；雄蕊生于花被片基部，稍短于花被片；子房长 1.5~2 毫米，基部有短柄，表面多少有小乳突，3 室，每室 1 个胚珠。果近倒卵形；种子 1~3 颗，黑色，矩圆状狭倒卵形，长 2.5~5 毫米。花果期 7~11月。

**分布与生境：**生于海拔 2600 米以下的山坡、草地、路旁或林缘。大海陀保护区见于石头堡村附近。

## 曲枝天门冬
*Asparagus trichophyllus*

百合科　天门冬属

**形态特征：**草本，近直立，高60~100 厘米。茎平滑，中部至上部强烈迥折状，有时上部疏生软骨质齿；分枝先下弯而后上升，靠近基部这一段形成强烈弧曲，叶状枝通常每 5~8 枚成簇，刚毛状，略有 4~5 棱，通常稍伏贴于小枝上。花每 2 朵腋生，绿黄色而稍带紫色。浆果直径 6~7 毫米，熟时红色，有 3~5 颗种子。花期

5 月，果期 7 月。

**分布与生境：**生于海拔 2100 米以下的山地、路旁、田边或荒地上。大海陀保护区见于大东沟。

## 兴安天门冬
*Asparagus dauricus*

**百合科　天门冬属**

**形态特征：** 直立草本，高30~70厘米。茎和分枝有条纹，叶状枝每1~6枚成簇，通常全部斜立，和分枝交成锐角，长1~4（~5）厘米，粗约0.6毫米，伸直或稍弧曲，有时有软骨质齿；鳞片状叶基部无刺。花每2朵腋生，黄绿色；雄花花梗长3~5毫米，和花被近等长，关节位于近中部；花丝大部分贴生于花被片上，离生部分很短，只有花药一半长；雌花极小，花被长约1.5毫米，短于花梗，花梗关节位于上部。浆果直径6~7毫米，有2~4（~6）颗种子。花期5~6月，果期7~9月。

**分布与生境：** 生于海拔2200米以下的沙丘或干燥山坡上。大海陀保护区见于山顶草甸附近。

矩圆形，长2~2.5厘米，宽1.2~2厘米。花果期5~9月。

**分布与生境：** 生于海拔2300米以下的草地、山坡或林下。大海陀保护区见于大海陀村附近。

## 小黄花菜
*Hemerocallis minor*

**百合科　萱草属**

**形态特征：** 多年生草本。叶长20~60厘米，宽3~14毫米。花葶稍短于叶或近等长，顶端具1~2花，少有具3花；花梗很短，苞片近披针形，长8~25毫米，宽3~5毫米；花被淡黄色；花被管通常长1~2.5厘米，极少能近3厘米；花被裂片长4.5~6厘米，内三片宽1.5~2.3厘米。蒴果椭圆形或

## 萱草
*Hemerocallis fulva*

**百合科　萱草属**

**形态特征：** 多年生草本。根近肉质，中下部有纺锤状膨大；叶一般较宽。花被管较粗短，长 2～3 厘米；内花被裂片宽 2～3 厘米。花早上开晚上凋谢，无香味，橘红色至橘黄色，内花被裂片下部一般有∧形彩斑。这些特征可以区别于本国产的其他种类。花果期为 5～7 月。

**分布与生境** 全国各地常见栽培，秦岭以南各地有野生的。大海陀保护区见于大海陀村附近。

## 北重楼
*Paris verticillata*

**百合科　重楼属**

**形态特征：** 多年生草本。植株高 25～60 厘米；根状茎细长。茎绿白色，有时带紫色。叶 (5～) 6～8 枚轮生，披针形、狭矩圆形、倒披针形或倒卵状披针形，先端渐尖，基部楔形，具短柄或近无柄。花梗长 4.5～12 厘米；外轮花被片绿色，极少带紫色，叶状，通常 4 (～5) 枚，纸质，平展，倒卵状披针形、矩圆状披针形或倒披针形，先端渐尖；子房近球形，紫褐色，顶端无盘状花柱基，花柱具 4～5 分枝，分枝细长，并向外反卷，比不分枝部分长 2～3 倍。蒴果浆果状，不开裂，直径约 1 厘米。花期 5～6 月，果期 7～9 月。

**分布与生境：** 生于海拔 1100～2300 米的山坡林下、草丛、阴湿地或沟边。大海陀保护区见于石头堡村附近。

# 顶冰花
*Gagea lutea*

## 百合科　顶冰花属

**形态特征：**多年生草本，植株高15~20厘米。鳞茎卵球形，直径5~10毫米，鳞茎皮褐黄色，无附属小鳞茎。基生叶1枚，条形，长15~22厘米，宽3~10毫米，扁平，中部向下收狭，无毛。总苞片披针形，与花序近等长，宽4~6毫米；花3~5朵，排成伞形花序；花梗不等长，无毛；花被片条形或狭披针形，长9~12毫米，宽约2毫米，黄色；雄蕊长为花被片的2/3；花药矩圆形，花丝基部扁平；子房矩圆形，花柱长为子房的1.5~2倍，柱头不明显的3裂。蒴果卵圆形至倒卵形，长为宿存花被的2/3。

**分布与生境：**生于林下、灌丛或草地。大海陀保护区见于山顶草甸。

## 穿龙薯蓣 (别名：穿山龙)
### *Dioscorea nipponica*

**薯蓣科　薯蓣属**

**形态特征：** 缠绕草质藤本。根状茎横生，圆柱形。单叶互生；叶片掌状心形，变化较大，茎基部叶边缘作不等大的三角状开裂，顶端叶片小，近于全缘。花被碟形，6裂，裂片顶端钝圆。蒴果成熟后枯黄色，三棱形，顶端凹入；种子每室2枚，有时仅1枚发育，着生于中轴基部，四周有不等的薄膜状翅，上方呈长方形，长约比宽大2倍。花期6~8月，果期8~10月。

**分布与生境：** 常生于河谷、山坡灌木丛中或稀疏杂木林内及林缘，而在山脊路旁灌木丛中较少，常分布在海拔100~1700米地带。大海陀保护区广泛分布。

## 马蔺
### *Iris lactea* var. *chinensis*

**鸢尾科　鸢尾属**

**形态特征：** 多年生密丛草本。叶基生，绿色，边缘白色，披针形，长4.5~10厘米，宽0.8~1.6厘米。花为浅蓝色、蓝色或蓝紫色，花被上有较深色的条纹，其直径5~6厘米。蒴果长椭圆状柱形，长4~6厘米，直径1~1.4厘米，有6条明显的肋，顶端有短喙。花期5~6月，果期6~9月。

**分布与生境：** 生于荒地、路旁、山坡草地，尤以过度放牧的盐碱化草场上生长较多。大海陀保护区见于大海陀村附近。

# 野鸢尾
*Iris dichotoma*

## 鸢尾科　鸢尾属

**形态特征：**多年生草本。根状茎为不规则的块状，棕褐色或黑褐色。叶基生或在花茎基部互生，两面灰绿色，剑形。花茎实心，花序生于分枝顶端；苞片4~5枚，膜质，绿色，边缘白色，披针形，长1.5~2.3厘米，内包含有3~4朵花；花蓝紫色或浅蓝色，有棕褐色的斑纹；花柱分枝扁平，花瓣状，顶端裂片狭三角形。蒴果圆柱形或略弯曲，果皮黄绿色，革质，成熟时自顶端向下开裂至1/3处；种子暗褐色，椭圆形，有小翅。花期7~8月，果期8~9月。

**分布与生境：**生于砂质草地、山坡石隙等向阳干燥处。大海陀保护区见于石头堡村附近。

# 角盘兰
*Herminium monorchis*

## 兰科　角盘兰属

**形态特征：**多年生草本，植株高5.5~35厘米。叶片狭椭圆状披针形或狭椭圆形，直立伸展，长2.8~10厘米，宽8~25毫米，先端急尖，基部渐狭并略抱茎。总状花序具多数花，圆柱状，长达15厘米；花小，黄绿色，垂头，萼片近等长，具1脉；中萼片椭圆形或长圆状披针形，长约2.2毫米，宽约1.2毫米，先端钝；

侧萼片长圆状披针形，宽约1毫米，较中萼片稍狭，先端稍尖。花期6~7(~8)月。

**分布与生境：**生于海拔600~4500米的山坡阔叶林至针叶林下、灌丛下、山坡草地或河滩沼泽草地中。大海陀保护区见于山顶草甸。

# 对叶兰
*Listera puberula*

兰科　对叶兰属

**形态特征：** 多年生草本，植株高
10~20厘米。茎纤细，近基部处
具2枚膜质鞘，近中部处具2枚
对生叶，叶以上部分被短柔毛。
叶片心形、宽卵形或宽卵状三角
形，长1.5~2.5厘米，宽度通常
稍超过长度，先端急尖或钝，基
部宽楔形或近心形，边缘常多少
呈皱波状。总状花序长2.5~7厘
米，疏生4~7朵花；花绿色，很小；
中萼片卵状披针形，长约2.5毫
米，中部宽约1.2毫米，先端近
急尖，具1脉；侧萼片斜卵状披
针形，与中萼片近等长；花瓣线
形，长约2.5毫米，宽约0.5毫米，
具1脉。蒴果倒卵形，长约6毫米，
粗约3.5毫米；果梗长约5毫米。
花期7~9月，果期9~10月。

**分布与生境：** 生于海拔1400~2600
米的密林下阴湿处。大海陀保护区
见于海陀山山顶草甸。

## 北方鸟巢兰 （别名：堪察加鸟巢兰）
*Neottia camtschatea*

**兰科　鸟巢兰属**

**形态特征：** 腐生小草本，植株高10~27厘米。茎直立，无绿叶；鞘膜质，长1~3厘米，下半部抱茎。总状花序顶生，长5~15厘米，具12~25朵花；花苞片近狭卵状长圆形，膜质，在花序基部的1~2枚长5~8毫米，向上渐短，背面被毛；花淡绿色至绿白色；萼片舌状长圆形，长5~6毫米，宽约1.5毫米，先端钝，具1脉，背面疏被短柔毛；侧萼片稍斜歪；花瓣线形，长3.5~4.5毫米，宽约0.5毫米，具1脉，无毛；唇瓣楔形，长1~1.2厘米，上部宽1.5~2毫米，基部极狭，先端2深裂；裂片狭披针形或披针形，长3.5~5毫米，稍叉开，边缘具细缘毛。蒴果椭圆形，长8~9毫米，宽5~6毫米。花果期7~8月。

**分布与生境：** 生于海拔2000~2400米的林下或林缘腐殖质丰富、湿润处。大海陀保护区见于山顶草甸。

## 尖唇鸟巢兰
*Neottia acuminata*

兰科　鸟巢兰属

**形态特征：** 腐生草本，植株高14~30厘米。茎直立，无毛，中部以下具3~5枚鞘，无绿叶；鞘膜质，抱茎。总状花序顶生，通常具20余朵花；花小，黄褐色，常3~4朵聚生而呈轮生状；中萼片狭披针形，先端长渐尖，具1脉，无毛；侧萼片与中萼片相似，但宽达1毫米；花瓣狭披针形；唇瓣形状变化较大，通常卵形、卵状披针形或披针形。蒴果椭圆形。花果期6~8月。

**分布与生境：** 生于海拔1500~4100米的林下或荫蔽草坡上。大海陀保护区见于山顶草甸。

## 大花杓兰
*Cypripedium macranthum*

兰科　杓兰属

**形态特征：** 多年生草本，植株高25~50厘米。具粗短的根状茎。茎直立，基部具数枚鞘，鞘上方具3~4枚叶。叶片椭圆形或椭圆状卵形，先端渐尖或近急尖，两面脉上略被短柔毛或变无毛，边缘有细缘毛。花序顶生，具1花，极罕2花；花苞片叶状，通常椭圆形；花大，紫色、红色或粉红色，通常有暗色脉纹，极罕白色；唇瓣深囊状，近球形或椭圆形；囊口较小，囊底有毛。蒴果狭椭圆形，无毛。花期6~7月，果期8~9月。

**分布与生境：** 生于海拔400~2400米的林下、林缘或草坡上腐殖质丰富和排水良好之地。大海陀保护区见于山顶草甸。

## 紫点杓兰
*Cypripedium guttatum*

### 兰科　杓兰属

**形态特征：** 多年生草本，植株高15~25厘米。叶2枚，极罕3枚，常对生或近对生，偶见互生，叶片椭圆形、卵形或卵状披针形，长5~12厘米，宽2.5~4.5(~6)厘米。花序顶生，具1花；花白色，具淡紫红色或淡褐红色斑；中萼片卵状椭圆形或宽卵状椭圆形，长1.5~2.2厘米，宽1.2~1.6厘米；花瓣常近匙形或提琴形，长1.3~1.8厘米，宽5~7毫米；唇瓣深囊状，钵形或深碗状，多少近球形，长与宽各约1.5厘米。花期5~7月，果期8~9月。

**分布与生境：** 生于海拔500~4000米的林下、灌丛中或草地上。大海陀保护区见于九骨咀附近。

## 山西杓兰
*Cypripedium shanxiense*

兰科　杓兰属

**形态特征：** 多年生草本，植株高
4.0~55厘米。基部具数枚鞘，鞘
上方具3~4枚叶。叶片椭圆形至
卵状披针形，先端渐尖。花序顶生，
通常具2花，较少1花或3花；花
苞片叶状，两面脉上被疏柔毛；花
褐色至紫褐色，具深色脉纹，唇瓣
常有深色斑点，退化雄蕊白色而有
少数紫褐色斑点；中萼片披针形或
卵状披针形；花瓣狭披针形或线形，
先端渐尖，不扭转或稍扭转；唇瓣
深囊状，近球形至椭圆形。蒴果近
梭形或狭椭圆形，疏被腺毛或变无

毛。花期5~7月，果期7~8月。

**分布与生境：** 生于海拔1000~2500米的林下或
草坡上。大海陀保护区见于山顶草甸。

## 手参
*Gymnadenia conopsea*

兰科　手参属

**形态特征：** 地生草本，植株高
20~60厘米。块茎椭圆形，肉质，
下部掌状分裂，裂片细长。叶片
线状披针形、狭长圆形或带形，
长5.5~15厘米，宽1~2（~2.5）
厘米，先端渐尖或稍钝，基部收
狭成抱茎的鞘。总状花序具多数
密生的花，圆柱形，长5.5~15
厘米；花粉红色，罕为粉白色；
中萼片宽椭圆形或宽卵状椭圆形，
长3.5~5毫米，宽3~4毫米，
先端急尖，略呈兜状，具3脉。
花期6~8月。

**分布与生境：** 生于海拔265~4700米的山坡林下、
草地或砾石滩草丛中。大海陀保护区见于山顶草
甸附近。

218

钝，前半部上面具长硬毛且边缘具强烈皱波状啮齿，唇瓣基部凹陷呈浅囊状，囊内具 2 枚胼胝体。花期 7~8 月。

**分布与生境：**生于海拔 200~3400 米的山坡林下、灌丛下、草地或河滩沼泽草甸中。大海陀保护区见于山顶草甸。

梗长 5~9 毫米。花期 6~8 月，果期 9~10 月。

**分布与生境：**生于海拔 1100~2750 米的林下、灌丛中或草地荫蔽处。大海陀保护区见于山顶草甸。

## 绥草
*Spiranthes sinensis*

### 兰科　绥草属

**形态特征：**多年生草本，植株高 13~30 厘米。根数条，指状，肉质，簇生于茎基部。茎较短，近基部生 2~5 枚叶。叶片宽线形或宽线状披针形，极罕为狭长圆形，直立伸展。花茎直立，长 10~25 厘米，总状花序具多数密生的花，长 4~10 厘米，呈螺旋状扭转；花苞片卵状披针形，先端长渐尖，花小，紫红色、粉红色或白色，在花序轴上呈螺旋状排生；萼片的下部靠合；唇瓣宽长圆形，凹陷，长 4 毫米，宽 2.5 毫米，先端极

## 羊耳蒜
*Liparis japonica*

### 兰科　羊耳蒜属

**形态特征：**地生草本。叶 2 枚，卵形、卵状长圆形或近椭圆形，膜质或草质，长 5~10 (~16) 厘米，宽 2~4(~7) 厘米，先端急尖或钝，边缘皱波状或近全缘。总状花序具数朵至 10 余朵花；花苞片狭卵形，长 2~3 (~5) 毫米；花通常淡绿色，有时可变为粉红色或带紫红色；萼片线状披针形，长 7~9 毫米，宽 1.5~2 毫米；唇瓣近倒卵形，长 6~8 毫米，宽 4~5 毫米，先端具短尖。蒴果倒卵状长圆形，长 8~13 毫米，宽 4~6 毫米；果

## 沼兰
*Malaxis monophyllos*

兰科　沼兰属

**形态特征：** 地生草本。叶卵形、长圆形或近椭圆形，长2.5~7.5(~12)厘米，宽1~3(~6.5)厘米。花莛直立，总状花序长4~12(~20)厘米，具数十朵或更多的花；花小，较密集，淡黄绿色至淡绿色。蒴果倒卵形或倒卵状椭圆形，长6~7毫米，宽约4毫米；果梗长2.5~3毫米。花果期7~8月。

**分布与生境：** 生于林下、灌丛中或草坡上，生长海拔变化较大，在北方诸省，适宜海拔为800~2400米。大海陀保护区见于山顶草甸附近。

# 参考文献

邢韶华，武占军，王楠．2017．河北大海陀自然保护区
　　综合科学考察报告 [M].北京：中国林业出版社．

杜连海，王小平，陈俊崎，等．2012.北京松山自
　　然保护区综合科学考察报告 [M].北京：中国林
　　业出版社．

河北植物志编辑委员会．1986.河北植物志
　　(1 ～ 3 卷 )[M].修订版.石家庄：河北科
　　学技术出版社．

贺士元，邢其华，尹祖堂，等．1984.北京
　　植物志：上、下册 [M].一九八四年修
　　订版.北京：北京出版社．

Andrew T.Smith，解焱，等．2009.
　　中国兽类野外手册 [M].长沙：
　　湖南教育出版社．

约翰·马敬能，卡伦·菲利普斯，
　　何芬奇．2000.中国鸟类野
　　外手册 [M].长沙：湖南教
　　育出版社．

中国野生动物保护协会．
　　2002.中国爬行动物图鉴 [M].
　　郑州：河南科学技术出版社．

郑光美．2011.中国鸟类分类
　　与分布名录 [M].北京：
　　科学出版社．

# 中文名索引

222

# A

拉丁文索引

拉丁文索引

拉丁文索引

拉丁文索引

拉丁文索引